都市・地域の新潮流

編著　株式会社三菱総合研究所地域経営研究センター

人口減少時代の地域づくりとビジネスチャンス

巻頭言　都市・地域の新潮流

～人口減少時代を超えて～

「失われた10年」の終焉

バブル崩壊とデフレの「失われた10年」がようやく終わりを告げようとしている。政府は2005年度の「経済白書」で「日本経済は『バブル後』と呼ばれた時期を確実に抜け出した」と宣言した。金融機関は大量に抱えていた不良債権処理に目途がつき、攻めに転じた。リストラに喘いだ企業の収益は大きく改善、積極的な設備投資に転じ、新規の採用数も大幅に増加。失業率も低下し、ベア復活の動きも出た。株価もバブル前の水準に回復、個人消費にも明るさの兆しが見える。バブル経済破たん後の長かった不況はようやく脱したようである。

一方マンション業界は耐震強度偽装事件という逆風下にありながら、東京都心で超高層のタワーマンションを次々と建設している。東京都区部では7年連続して新築マンションの供給戸数が3万戸を超えた。外資系高級ホテルの東京都心への建設も続く。既に進出済みの丸の内のフォーシーズンズ、六本木のグランドハイアット、汐留のコンラッド、日本橋のマンダリンに加え、ペニンシュラ、リッツカールトンなどが日比谷や六本木に新たに進出する。丸の内、六本木、赤坂などで大型のオフィスビルの建設も進んでいる。2007年にはこれらが一斉に完成する。特に六本木の防衛庁跡地で進められている開発「東京ミッドタウン」は、ライブドアで有名となった六本木ヒルズに匹敵する超大型複合開発である。オフィス、ホテル、住居、商業、文化施設などで構成され、中には家賃が最高で月500万円という超高級レジデンスもある。大都市圏中心に、地価が反転している個所も増え「ミニバブル」といわれるほど不動産の動きは活発である。

新しい時代の始まり

一方、日本はいよいよ人口減少時代に突入した。2005年末の政府の発表によると、これまでの予測を二年も上回り2005年に日本全体で遂に人口が減少した。江戸末期の3400万人以降、日本の人口はこれまで150年にわたり一貫して増え続けてきた。明治から大正に変わる1910年代に5000万人、高度成長中の1967年に一億人を突破。そこから40年弱で遂にピークに達した。これまで我が国で経験のない人口減少時代が始まる。このまま行くと日本の人口は50年後に1億人を割り、100年後には5000万人と現在の2分の1以下になるという。

人口が減れば、個人消費の総量が減少し企業経営を圧迫する。税収は落ち込み財政は危機に瀕する。高齢化の進行で貯蓄率は下がり、新たな投資が生まれない。所得格差や地域格差は拡大、社会保障をめぐる世代間の不公平感も強まる。このまま見過ごせば日本は衰退への道へ突き進みかねない。明るい未来の日本を描くために、日本全体の経済・社会のシステムを人口減少に耐えうるかたちに抜本的に再設計する必要がある。

都市・地域において、これまで産業構造の変化と人口増加を前提とし都市部への人口集中とそれを受け入れるための都市開発、地域整備が全国で進められてきた。しかし、全国から今も人を引き寄せている最大の人口集積を誇る首都圏でも２０１５年には人口減少が始まる。日本のすべての都市がやがて人口減少局面を迎え、我々が日々暮らしている身近な都市・地域においても新しい時代が始まる。

開発から再生へ

人口減少時代の厳しさは大都市圏より一足早く地方で生じている。今回の国勢調査によると32道県で人口が減少。すなわち三大都市圏を除く、ほぼすべての地域で人口が減少したことになる。人口減少の激しい地方の農村や山村では、すべての集落で公共サービスを

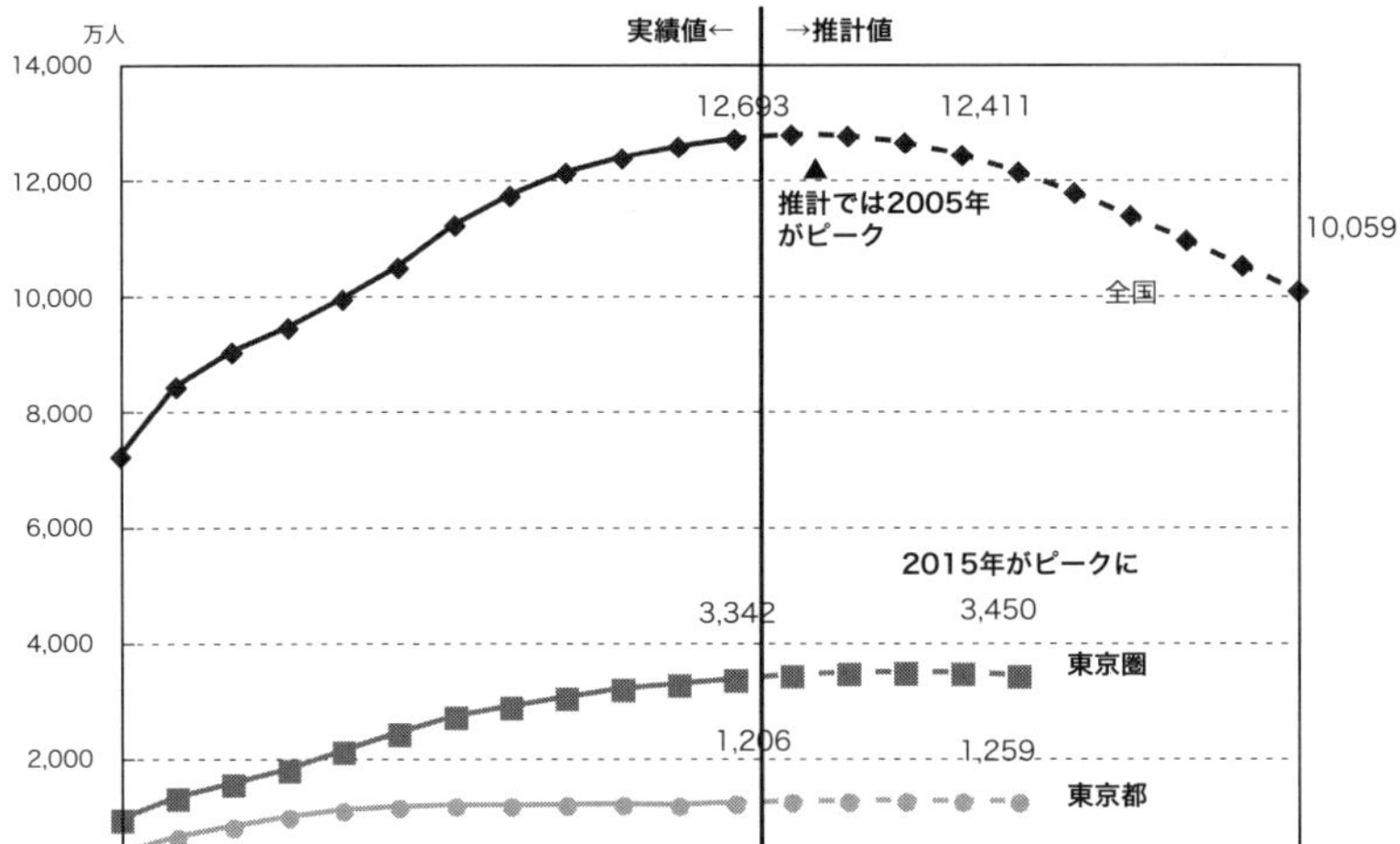

全国と東京圏の人口の長期展望（中位推計値）
資料：国立社会保障・人口問題研究所「日本の将来人口」「都道府県別将来人口」より三菱総合研究所作成

一律に提供することはもはや困難になっている。古い家を壊し中心部に建て直す「集約建て替え」に乗り出す自治体や下水道など公共サービスのこれ以上の「拡充困難」を宣言する市町村がある。

東京や大阪など大都市圏でも、都心部は再開発ラッシュであるが、郊外部では建設中のニュータウン計画が頓挫、高度成長期に建設されたニュータウンも急速な高齢化が進み小中学校が次々廃校。老朽化した団地では立替もままならずオールドタウン化が進んでいる。団塊世代が多く住む都市部ほど近い将来、一挙に高齢化が進み、地方を上回る劇的な変化が訪れる。

現在、東京の都心の不動産はミニバブルの様相を呈し、土地の需要が高まっているが、全国的に見ると地方部は現在も土地価格は下落している。開発途中でストップした工業団地やニュータウン、耕作放棄された農地や製造がストップしたままの工場跡地など未利用地が増加し、荒廃することが懸念される。人口減少時代は、不動産の需要が減少し土地や建物が余る時代へと移行する。であれば都市への人口集中時代には成しえなかった、自然との共生・ゆとりある都市空間を創造するチャンスでもある。「開発型」から「再生型」へと都市・地域づくりの大転換が必要だ。政府では、主として景気対策として、都市再生を行ってきたが、今後人口減少時代を睨んだ本質的な意味での都市再生が求められる。地域再生も同様に地域経済の活性化と地域雇用の創造を地域の視点から進めてきたが、これも中長期視点での本格的取り組みが必要である。

「空間」・「事業」・「産業」の再生による都市・地域づくり

都市・地域づくりの大転換は、人の活動の場としての「空間」の再編だけでなく、そこで営まれる活動の再生も重要である。そこでこれからの都市・地域づくりを次の三つの切り口で論じていきたい。

一つは「空間再生」である。戦後は、これまで人口増加・経済成長にあわせた「都市の拡大・開発の時代」であった。しかし人口減少時代を迎え、土地や建物の需要の減少が避けられない今、既存市街地のストックを活かしリノベーションする時代へ大転換が必要である。土地や建物の需要が増加せずに地価の緩やかな下落が続くこれからこそ良質な空間整備の大きなチャンスである。そこで、成熟時代のトータルな空間政策のあり方、地方中心市街地の活性化、大都市の密集市街地の再生、歴史資源などを生かした個性的なまちづくりのあり方など考えたい。

二つ目は「事業再生」である。人口減少により需要が減少しマーケット構造が変化し、破たんする事業や行き詰まっている事業が山積している。特に環境変化に柔軟に対応できない公共サービスの再生が緊急課題である。人口減少により施設に余剰が生じたり、年齢構造の変化により需給バランスが崩れる小中学校や児童福祉・高齢者福祉施設などの公共施設の再配置が必要である。その他、土地開発に関する事業やテーマパーク、地域交通、福祉事業などの再生を考える。

三つ目は「産業再生」である。中国などへの製造業シフトが進展する中、地域の技術や人材、資源など地域のリソースを活かした、知恵と工夫による内発型の産業の育成が重要である。定住人口が増えない中、交流入人口を増やすための観光産業の育成や公共事業に支えられていた建設業の構造転換も大きな課題である。

都市・地域の未来を描くために

2001年4月の小泉政権の発足以来、新たな国の姿を創るため、「官から民へ」「国から地方へ」といった大きな構造改革が進められてきた。都市や地域に関しても、構造改革の一環として、市町村合併や三位一体改革とともに、構造改革特区制度、都市再生や地域再生など規制改革や補助金改革などによる地域の活性化が積極的に推進されてきた。これらにより、従来の横並びや中央依存から、地域の自律的な発展へと転換が進んでいるが、まだまだ緒についたばかりであると言えよう。

国の補助事業をあてにした全国一律的な地域整備は財政を破たんに導く。本当に必要なもの、必要でないものを見極め、地域の責任と権限の下、各地域の独自の資源を有効に活用しながら、「地域の自助と自律の精神」で、個性豊かな都市・地域を形成していくことが重要である。

都市・地域の再生を国や地方自治体など行政頼みにするのももはや限界である。住民や民間企業など各都市・地域の構成員が自ら立ち上がり連携しウィン・ウィンの関係を構築しながら進めることが必要である。

人口減少により市場は縮少するといって必ずしも暗くなることはない。大変革期こそ新しいビジネスのチャンスも生まれる。規制改革により公共サービス分野の大きな新市場も誕生する。隣接するアジアの急成長により大きな市場も生まれる。高齢化による医療・福祉・健康分野の市場も大きく膨らむ。多様な分野で新しい変化の兆しが生じている。旧来型のビジネスに捉われずこうした変化に対する「アンテナ」を伸ばし、「アイデア」を凝らし、「アクション」を起こせば、新たなビジネスが切り拓けてくる。それにより都市・地域の明るい未来の展望が開けるはずである。

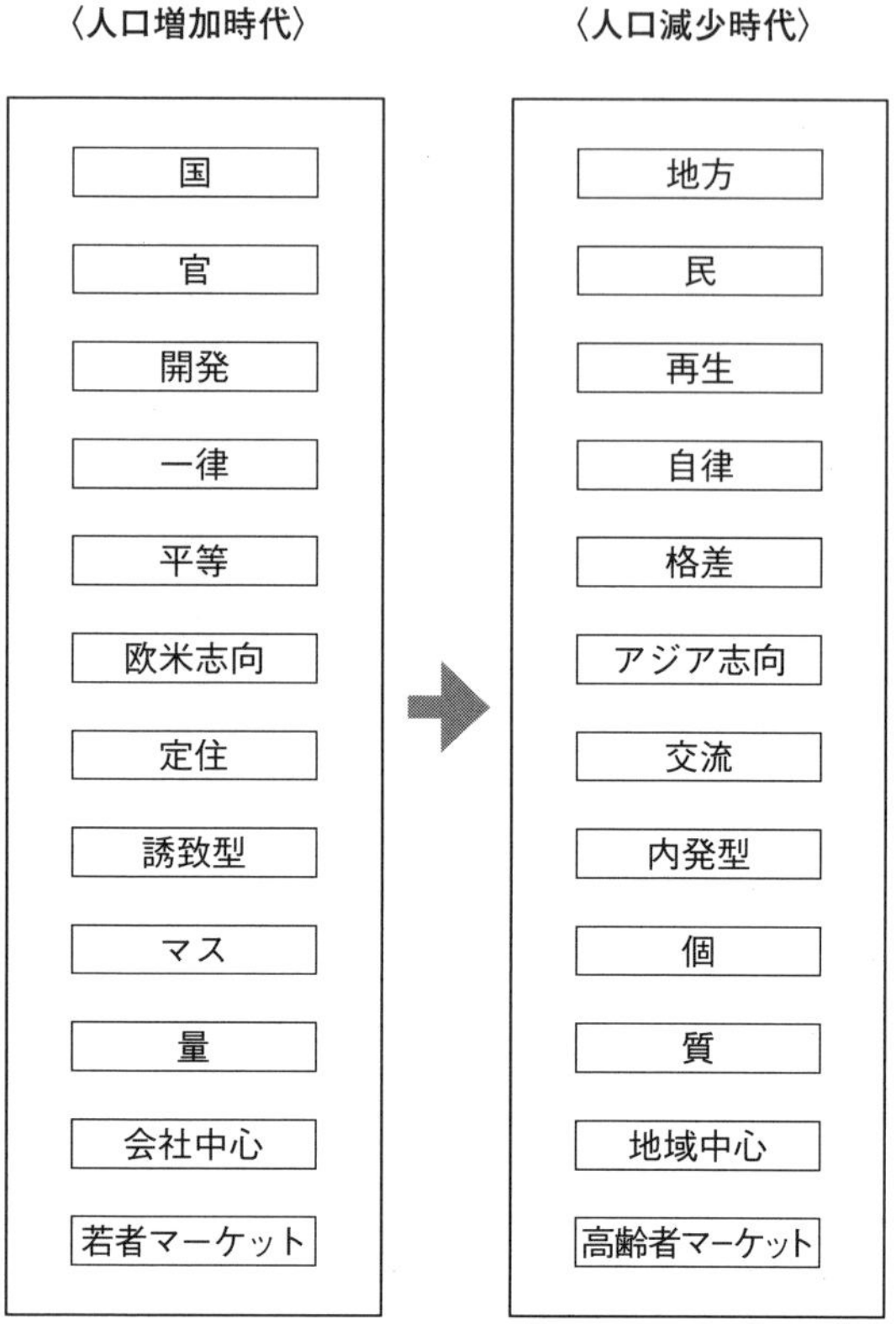

〈人口増加時代〉	〈人口減少時代〉
国	地方
官	民
開発	再生
一律	自律
平等	格差
欧米志向	アジア志向
定住	交流
誘致型	内発型
マス	個
量	質
会社中心	地域中心
若者マーケット	高齢者マーケット

人口減少時代「変化のキーワード」
資料：筆者作成

巻頭対談「人口減少時代のまちづくり」

大西隆氏（東京大学教授）
VS
鎌形太郎氏（三菱総合研究所地域経営研究センター長）

鎌形　「日本は少子高齢化が進展、人口減少時代に突入します。人口減少時代には都市・地域の空間・まちづくりのありようが、現在の開発型から大きく変わるのではないでしょうか。現在、大都市では開発が加速され、土地需要が高まっていますが、これは短期的な現象だろうと思われます。人口減少が都市・地域に与える影響について専門的な見地からどう見ていらっしゃいますか」

大西　「まず、人口減少時代ということについて具体的に考える必要があります。2005年12月初めに経済産業省の地域経済研究会（大西座長）がレポートをまとめました。このレポートでは将来人口分布を全国269都市圏（都市雇用圏）に分けてシミュレーションしてます。3200万人の人口を抱える東京圏、合計で3000万人程度になる政令指定の都市圏、政令指定都市以外の県庁所在地圏、10万人以上の都市圏、10万人以下の都市圏、それ以下の人口の都市圏に分けて将来人口分布について調査ました。すでに人口問題研究所は、2000年から2030年にかけて全体で人口が1割減ると予測しているのですが、今回の予測ではその内訳は都市圏規模が小さくなるほど減少の度合いが大きいというものでした」

「経済産業省の予測は、産業の成長力、つまり雇用の吸収力を配慮したものですが、これによると東京

東京大学教授・大西隆氏

三菱総合研究所地域経営研究センター長・鎌形太郎氏

圏の人口指数は１０１（２０００年を１００）、政令市が94、その他の都市圏は90を割り込むことが分かりました。将来の人口は全国一律に減るのはなく、地域ごとにメリハリがつくことになります。東京圏は若干人口が増えますが、他の都市圏は落ち込む。そこで、これから10～15年の間に目立って人口が減少する地方都市は取り組むべき課題が多いということが浮き彫りになったということでしょうね」

鎌形　「一番人口が減るのは地方都市ということですが、その中でも山間部など過疎化の激しい地域をどうするかというのは問題ですね。過疎化がより一層進むと、税収が減る。そうすると生活していく上で必要な公共サービスの提供が難しくなりますね。公共サービスを維持するため、集落を丸ごと移動することも考えざる得ない地域が出てくる可能性もあります。こうした〝民族大移動〟を防ぐためにも既存都市をコンパクトシティにしようという議論もあります」

全国一律の公共サービス見直す時期（大西教授）

大西 「同じような公共サービスを全国どこでも一律に提供すべきかどうかを改めて考える必要があります。例えばサービスの提供方法については工夫する余地がありますよね。過疎化が進み、コミュニティーエリアとして成立しない〝限界集落〟には抜本的な対策が必要なのかもしれません。ただ、そうでないところには一定の水準の公共サービスの提供が必要です。その意味では公共サービスのコストを安くすることが求められる時代になるでしょうね。今の供給の仕方をいかに安いコストに変えるか、本気で考えるべきです。いわば高福祉低負担をいかに実現するかです。例えば情報通信の使い方などはもっと議論してい い。交通に変わる手段になることもあり得るからです。インターネットが前提になれば公共サービスのあり方もだいぶ変わるのではないでしょうか」

鎌形 「確かに現在は全国一律のサービスが同じ方法で供給されています。国庫補助制度はその最たるものだと言っていいでしょう。田舎でも基準さえ満たせば誰も使わないのに立派なホールを造ることができる。国の補助金があるから本当に必要なのかどうかは議論しなくてもいい。人口減少により財政状況はいっそう厳しさを増しています。このままの状況が続けば、我が国の財政は破たんしてしまいます。三位一体の改革や市町村合併、道州制導入の議論は、こうした国の補助金頼みの全国一律サービスの無駄を排除し、地方自治体に権限と責任を与え、自律的な判断を促すためのものですが、果たして、こうした自治制度改革はうまくいくのでしょうか」

大西　「合併により自治体が大きくなれば、合併した自治体内での支え合いが必要になります。サービスのあり方や予算配分などの仕方に工夫が必要になるでしょう。自治体内での財源の取り合いが生まれるでしょう。ただ、これは必ずしも悪いことではないはずです。税金の使い途を身近な問題として考えるようになるというメリットもありますから」

鎌形　「人口減少社会の到来により、地方の過疎化が進展すると、耕作が放棄される農地や誰も手を入れない山林、あるいは、市街地の中にも利用されない空き地が多数発生する可能性がありますね。自治体の規模が大きくなり、自治体単位の人口密度が低くなるとよりいっそう加速される可能性があります。さらに言えば、自然環境の保全が難しくなることもあり得ます」

大西　「農地の保全は大切ですね。農業は何とかしなくちゃいけない。統計的に見ると専業農家は増えているんです。脱サラして農業を始める人もいる。農業を切り捨てるのではなく、下支えする人たちをサポートする環境作りが必要ですね」

鎌形　「地方都市の中心市街地の多くが疲弊し、寂れています。これまでも、国では中心市街地活性化法を制定するなど、様々な対策を講じてきましたが、一向にうまくいかないというのが実情です。人口減少時代に突入すると、寂れた中心市街地はよりいっそう寂れてしまいます。これに対して何か良い対応策はないのでしょうか」

大西　「中心市街地を立て直すためには、都市機能を一カ所に集積させたコンパクトシティにすればいいという考え方があります。まちを拡散させるのではなく、限られた狭いエリアを立体的に使うことで、中心市街地に人・モノ・金・情報を集積させ、活気を取り戻させようというのが考え方の基本ですね。合併によって行政エリアが拡大、これに伴い中心市街地が拡散して人口密度が下がるのを防ぐための方策と言えるでしょう」

「しかし、居住の自由を制限することが果たして可能なのだろうかという疑問が残ります。ただ、居住の自由を認めると、密度はさらに低くなるから、地方自治体が一定の公共サービスを提供するには様々な工夫が必要になります。交通インフラに代わるものとして情報インフラを活用することなどがその一例でしょう。これからの地方都市は、色々な所に人が住み、人口密度が下がるということを前提に公共サービスのあり方を再検討しなければなりませんね」

鎌形　「確かに既存の都市をコンパクトシティにするというのは無理があります。しかし、このまま放置して、これ以上に拡散が進むと、公共サービスがコスト高になるだけでなく、非効率になります。財政が持たないのではないでしょうか。なんらかの政策的対応が必要なのではないですか」

大西　「人口減少時代は、人口が集積する都市、拡散する都市というふうに二極化するのではないでしょうか。現在でも都城市、香川県は自由な居住、自由なまちづくりに取り組んでいるし、福島県や鶴岡市はコンパクトシティを志向しているという風に分かれています。地方分権が進めば、こうした違いはこれからさらに出てくるでしょう。その上で、それぞれの自治体が工夫する時代になるのだと思います」

鎌形　「そうは言っても、自助努力には限界があるのではないですか。現在検討されているまちづくりに関する法律の改正も視野に入れ、これからのまちづくりを考える必要があるのではないでしょうか。当然、自治体の能力そのものも問われますよね」

大西　「中心市街地の問題は商業の問題でもあります。既存の商業地は製品の調達コストがかかり、消費者に高い物を提供しています。また商品知識も不足し、サービスも悪い。これが客足の遠のく大きな要因になっているんです。調達コストを下げる努力をまずすべきですよね。また、地方都市の移動は、ほとんどが自動車ですが、これを電気自動車に替え、環境負荷を減らすなど特徴のあるまちづくりに取り組むとも可能でしょう。現状でも中心市街地には都市機能が集積されており、たとえ密度が下がってもそれなりに人は残るはずですから、工夫の余地はあります」

鎌形　「東京都心は政府の都市再生政策により、容積率が緩和されタワーマンションが林立、都市機能の集中が進んでいます。その一方で、郊外のニュータウンは廃れる一方。都心、マンションが林立している江東区ではインフラ不足が深刻化し、マンション建設に規制を欠けているのが実情です。都心に林立するタワーマンションが将来、老朽化した際の維持管理・改修工事はどう進めていけばいいのでしょう。ゴーストタウン化することも懸念されます。都市再生に問題はないのでしょうか」

大西　「タワーマンションというのは特殊な形態、一時的に増えていると言っていいのではないでしょうか。しかし、あまり増えすぎるとインフラ不足が深刻化します。江東区の問題はその良い事例ですね。こうしたことが今後も続くと成長管理の動きが出てくるでしょう。都心のキャパシティーはそれほど大きくはありません」

都市再生は中長期的な課題残す（鎌形センター長）

鎌形　「都心に投資を集中させるという現状の政策は、短期的な経済対策としては効果があったかもしれませんが、中長期的には疑問を感じます。まちづくりの面でも問題がありますよね」

大西　「都市再生は、もともと不良債権問題をどうするかという政策的な背景があって生まれたものです。結果的に下がり続けていた地価を安定させ、さらに押し上げています。その意味では成果を上げたと言っていいでしょう。しかし、その一方で地方都市をどうするか、東京の自然環境をどうするのかといった課題が残されました。これからの大きなテーマですね」

鎌形　「長期的には日本の人口は間違いなく減少します。都心の地価も下がり、居住面積も増えるでしょう。しかし、現状では世田谷などの宅地規模の大きかった住宅地で、区画が細分化され、ミニ開発が進められるなど都市郊外地域の環境が悪化しています。より縁辺部では開発がとん挫したり、既存の住宅地でも空き地や空き屋が発生しています」

大西　「景観法などの施行により景観が政策として考えられるようになりつつありますが、都市の自然を保全したり、広げたりという動きは確かに不足していますね。郊外について言えば、おっしゃるように宅地の細分化などによる環境悪化が懸念されています。最低宅地規模の適用範囲を広げることを検討すべきかもしれません」

鎌形　「都市郊外の高齢化問題は人口減少時代にこそ深刻化するはずです」

大西　「地域の安定には世代を継いで家や土地を受け継ぐ仕組みが有効です。こうした仕組みがないと世代間の引き継ぎが途絶えてしまう。子どもがいて代々、家屋敷を引き継ぐというのがかつての日本の姿だったが、今はそうもいきません。都市近郊で家を買っても子どもが帰ってこないという現象も起きています。こうした問題に対する処方せんとして、高齢化した都市近郊の方々は便利さを求めて都市に移住、残った家と土地をデベロッパーなどが買い取りリニューアルして新たに子育て世代に売却するという仕組みが有効かも知れません」

鎌形　「東急電鉄が田園都市線沿線で既に乗り出したビジネス形態ですね。住み替えを希望する高齢化世帯から、住宅や土地を買い取り若年世帯向けにリフォームして再分譲している。まち並みを守りつつ若い世帯を誘致し、沿線のブランドイメージを維持しようという試みです。これからはそういったサービスが商売になるのでしょうね」

大西　「税制の問題もあるし、流通をどうするかなど多くの課題が残されています。しかし、確かにそうしたサービスへのニーズは確実に高まっていくでしょう」

鎌形　「都心部は地価が安くなっただけでなく、ぼう大な国有地の売却などにより土地の供給が今後も続きます。便利な都心に住もうという流れは止まらないのではないでしょうか。こうした土地供給をまちづくりの視点なしに、経済合理性のみで続けると、都心部での新たなインフラ投資が必要になるだけでなく、郊外部の人口減などの問題が生じるのではないでしょうか」

大西　「開発事業には工夫する余地があるはずです。都市近郊部や業務核都市などでエリア全体の環境負荷を低減させるとか、事前環境を保全するとか特色ある開発事業が行われるようになれば都心にだけ人口が集積するということにはならないのではないでしょうか」

鎌形　「確かに都心周辺部は商業施設も、行政サービスも充実しています。郊外からわざわざ都心買い物に出てこなくなっていますし。都心への通勤を考えなければ郊外都市の方が便利で住みやすいというイメージもありますね。それでも都心回帰の流れは今後も続きそうです」

大西　「外国の都市には都心に人口が集積するということはありません。業務系がある程度拡散しているので多様な居住形態が可能だからです。日本も、いつ業務がばらけるかです。当面はそれを注視する必要があります」

鎌形　「業務系については、まだまだフェイス・ツー・フェイスのコミュニケーションが重要で拡散は難しいのではないでしょうか。先生は交通インフラに代わって情報通信を使うことも検討すべきだと提案なさっています。しかし、インターネットは若い世代には有効なツールだと言えますが、高齢者、特に情報通信の恩恵に恵まれていない過疎地の高齢者では対応できない可能性もあります。業務系にしてもＩＴの進展について行けない世代もいますよね。合理的というのにも限度があるように思えるのですが、いかがですか」

大西　「それはＩＴをどう使うかという問題でしょう。私が言っているのは、現実的な問題は別にして、合理的に考える必要があるということですよ。もちろん不安だという人もいるはずです。人間関係を求める人もいるでしょう。しかし、こうした人が今より少なくなり、より小さなコミュニティーになれば、ある程度合理的な社会になるはずです。そうなれば業務系もばらけることができるのではないでしょうか。今はまちづくりを含めた社会システムが自由化に向かう制度の改正期だと認識すべきです」

鎌形　「人口減少時代には地域も変わります。従来、まちづくりは行政が中心に進めてきましたが、今後は、住民やＮＰＯなどが果たす役割が大きくなってくることが予想されます」

大西　「千葉県の市川市では今年度から市民税の１％を市民活動支援に充てるという制度をスタートさせています。これはハンガリーが１９９６年に始めた制度を真似た物ですが、民間が担う公共サービスをひとりひとりの市民が税を使って支援するという新しい試みです。民間団体が活動内容を市民に示し、市民はその中から支援したい団体を選び、市民税の１％をその団体に助成する。市民として何かをしたいと考え、実行する人を、支えたいという市民が直接支援するということです。この制度では税を払わない主婦などが権利を行使する場が担保されていないという問題が残されています。本来なら税額控除の寄付制度が望ましいのでしょうが、それに向けた一歩だと評価できるでしょうね」

鎌形「人口減少時代に突入すれば、これまでのような新規の開発事業は減少します。建設業などは仕事がなくなるのでは不安もあります。しかし、それは逆にこれまでとは違った新しいビジネスが生まれるチャンスでもあります。何か新しいビジネスとしてイメージできるものはありますか」

大西「鉄とコンクリートで開発するのではなく、土と草花を増やすという発想が必要になるのではないでしょうか。つまり生活提案型の開発事業が主流になるのではないかということです。環境への負荷を減らし、二酸化炭素の排出量を減らす。自然再生などもキーワードになるでしょう。建設業は知恵を生かし、常に工夫する知的産業に生まれ変わる必要がありますね」

目次

第2章　事業を再生する　発想を換え枠組みを変える

第3章　産業を再生する　豊かさへ向かっての持続的前進

第1章

空間を再生する

ニーズの変化に対応する

「顧客志向」の都市再生を目指せ

失敗例の山・「オンリーワン」

「オンリーワン」。最近の大規模複合開発の、特に商業部分においてほぼ確実に語られるキーワードである。都心部で多くの再開発が竣工していく中で、顧客に選ばれるためには付加価値、差別化が必要だ。その最も典型的な方策が「オンリーワン」を目指すという方向である。

しかし、その「オンリーワン」、なかなか成功例が見当たらない。なぜか。

多くのデベロッパーは、「オンリーワン」の実現をテナントに求める。テナントは、出店を優先するあまり、すでに一定のマーケティングを経た商品・業態を超えた新しい提案をせざるをえない。それはテナントにとってあたるかどうかわからないリスクを抱え込むことであり、かつ、新商品・新業態を開発するための多大なコスト増を意味する。しかも、競合する物件ごとに「オンリーワン」を求められ、たとえ成功したとしてもコスト回収は困難だ。そのため、デベロッパーの期待に沿った思い切った提案も難しい。顧客はというと、よくわからない新商品・新業態よりも、よく知っているブランドを欲していたりする。その結果、「オンリーワン」を目指した開発ほど、実はテナント定着率が低く、時間の経過とともに顧客にとってのアピール力が減退するという悪循環に陥るのである。

問題は、「オンリーワン」の実現方法にある。顧客からみた場合、「オンリーワン」は商業施設全体で実現されていればよく、それは新しいテナントミックスや、地方や海外にしかなかった本当の新規店の発掘によって実現されるものなのである。デベロッパーによってつくられ運営されるこうした新しい集積のあり方が、その後の持続的な集客を実現していく唯一の方法なのではないか。言い換えれば、デベロッパー自らが手間暇をかけ事業リスクをとること、そして、開業当初だけでなく、長期的な観点に立った収益性を重視することで、本当の顧客志向の「オンリーワン」が実現される。

こうした意味で、「オンリーワンを実現すれば差別化は可能」というデベロッパーの通説は、顧客のニーズをとらえているとはいえない。

「顧客志向」へのパラダイム転換

個性的で魅力ある街とは、国際的な都市間競争に打ち勝ち、そこで展開される様々なビジネスを大きく発展させる。都市再生とは、都市に住み、働き、訪れ集う人々を「顧客」とし、彼らの満足度を高めることが目標でなければならないということでもある。

これまでも、事業主体となる行政やデベロッパーは、その時々の「顧客」のニーズをリサーチし、様々な取り組みを行ってきた。プロジェクトの多くが、単なるオフィスや住宅の開発ではなく、文化や商業、教育などと機能複合していったのはその結果であろう。近年では、単なる機能複合を超えて、よりきめ細かいテナント企業への配慮が求められている。例えば、六本木ヒルズの外資系証券会社の入居階には、福利厚生の一環として同社専用のシアトル系コーヒーチェーンが入居するなど、設備面での特別の配慮がなされている。顧客志向によるロイヤルカスタマー育成、これらが都市再生のキーワードとなる。

戦略的な取り組みが顧客育てる

まちづくりにおけるロイヤルカスタマーとは、その街での活動を通じて多くの資金を落とす優良顧客（ファン）と言えよう。ロイヤルカスタマー育成の観点から、今後期待が持てるエリアがある。秋葉原地域だ。

同地域は、電気製品の卸売り・小売業集積地として国際的な知名度が高い。最近は、アニメやフィギア、メイドカフェなど、より趣味性の高い商品・サービスの商業集積地として、注目度が高まっている。2005年に開通したつくばエキスプレスや、大規模電気店の開業なども重なり、2005年から2006年の秋葉原商戦は好調であったようだ。秋葉原地域は同時に、こうした商業集積地としての顔に加え、日本一のソフト系IT産業集積地としての顔もあわせもつ。その地理的中心となる秋葉原駅前では、2005年の「秋葉原ダイビル」の開業に続き、2006年に「秋葉原UDX」（秋葉原クロスフィールド）が開業する。

秋葉原クロスフィールドの誕生によって、これまでの秋葉原地域に不足していた優良なオフィス機能、産学連携機能、コンベンションホールなどの集客機能、情報ネットワーク機能、飲食などのサービス機能が提供される。オフィス賃貸業以外の短期的な収益性は必ずしも高くないが、秋葉原クロスフィールドを中心に、秋葉原地域におけるロイヤルカスタマーとしてのＩＴ産業就業者の増加と、これに伴う周辺の活性化が実現できれば、選ばれる都市へと近づくことができるだろう。

変化する秋葉原、電気街からダイビル（秋葉原クロスフィールド）を臨む

駅周辺は再開発が進み、大手ソフトウエア会社本社や大型量販店が進出。地元の要望を取り込んだ秋葉原クロスフィールドが開業する。東京とつくば研究学園都市を結ぶつくばエキスプレスの始発駅でもある。これらの再開発などが、秋葉原の新しい集積を持続的に発展させる起爆剤となることが選ばれる街の条件になる。

変化する秋葉原

右側がヨドバシカメラ。左側仮囲い付近で再開発（住宅含む）がみられる一方、街としての将来の魅力に不安を感じるエリアがある。かつて工場や倉庫が建ち並ぶ地域であった東京臨海部だ。同地域では、企業にとって低未利用地となった工場跡地などが次々と高層マンションに転換している。プロジェクト単体では、都心部の住宅需要に応える魅力的な物件となっているが、10年後のその街の姿を本当に考えて開発された物件はどの程度あるだろうか。販売直後だけでなく、将来にわたり、街で暮らす人々が快適であるように、生活面での利便性や快適性を支える機能を意識的に集積させることが必要だが、現実には足元商圏を意識して誘致したスーパーマーケットすら姿を消してしまう可能性が高い。

成長する都市とは顧客としての住民や就業者、交流人口に選ばれる都市である。言い換えれば、顧客にとって魅力的な集積が持続的に継続・発展する都市が目指すべき一つの都市像となる。米国の都市学者でジャーナリストのジェーン・ジェイコブスは著書「アメリカ大都市の生と死」の中で、人間的な魅力ある都市の共通項として▽機能複合▽大ブロックと小ブロックの混在▽古い建物と新しい建物の混在▽人口や企業の集中―を挙げ、これらが一つのエリアに柔軟に生かされていることが都市再生の条件であるとした。この指摘は現代においても有効である。先に紹介した秋葉原の土地利用の状況を分析すると、概ねこれらに合致する条件、もしくはこれを取り込もうとする取り組みが戦略的ではないにせよみられた。これが秋葉原という街が集積の中身を変化させながらも顧客に求められる集積を持続している大きな要因となっている。残念ながら現状の臨海部マンション開発にはこうした持続的発展を感じさせる兆候は見られない。

アセットのバッファ確保が鍵

ロイヤルカスタマーの取り込みは、計画段階の精ちなプランニングでは対応しきれない。それは竣工を一つのゴールとする現在の体制では、計画から竣工までの時間が、少なからぬ需要のズレを生むからである。加えて、単体の物件だけでは、長期にわたる変化への対応は不可能だ。こうしたことから竣工後にこそ、財源・人材・空間・権限においてバッファを持ち、物件単体ではなく地域的な取り組みを通じて、求められる顧客の需要変化に対応する必要がある。

その一つの手法として、日本版ＢＩＤ（注１）の展開が考えられる。事業者ごとの個別対応ではなく、エリア全体を見据え、まちづくりを誘導する。エリアの将来像を共有し、地権者だけでなく、開発事業者、テナント企業や就労者も含めた顧客参加型の運営組織がバッファを活用するのである。

例えば、公開空地。本来は街の資産として活用されるべきアセットであるが、現実には行政の管理下にあり、緑化はされてもカフェのいす一つ出せない規制下にある。この管理をＢＩＤを運営するＮＰＯに任せ、ワゴンの屋台やカフェを出せるよう開放し収益を確保する。道路管理業務の受託、有料のフィルムコミッション・サービスの提供も考えられる。開発事業者は、ＮＰＯの存在を前提に、これとのコラボレーションを開発費用に見込む必要がでてくるだろう。

先に紹介した秋葉原においては、ダイビルの中に入居者同士の交流を促進するサロンが設置されているほか、ＮＰＯ産学連携推進機構が中心となり２００５年11月に「アキバロボット文化祭２００５」が開催された。ここでは、ロボットを組み立てる「ロボット製作教室」、デザイン系・技術開発系・SF系の第一人者による「ロボット先進セミナー」、ロボット関連グッズをとりそろえた「ロボットバザール」、世界初の「ロボット展示即売会」などが展開された。BIDとしての取り組みではないが、これからの秋葉原において中心的な役割を果たす空間を活用し、人と人との交流から新たなビジネス創出を目指したり、将来の秋葉原の顧客となるロボット愛好者を育てる試みを行うことは、非常に示唆に富んでいる。

需要減少が懸念される人口減少社会においては、「顧客」という視点を持ち、戦略的・地域的なバッファ確保ができるかどうかで、街としての勝ち負けが決まってくる。選ばれる都市となるためには短期的な自分の利益だけでなく、地域としての長期的な利益を真剣に考える必要がある。

汐留地区の風景

日本版BID「有限責任中間法人汐留シオサイト・タウン・マネジメント」により魅力的になった汐留地区の歩行者空間。サラリーマンだけでなくこの街を訪れる主婦や高齢者といった顧客の声に対応できるかが課題。

【参考文献リスト】

ジェイコブス・J『アメリカ大都市の生と死』1961年（黒川紀章訳、鹿島研究所出版会、1977年）
小野由理『秋葉原地域における産業集積の特徴と集積持続のメカニズムに関する研究』東京大学学位論文、2005年

（注1）BID＝ビジネス・インプルーブメント・ディストラクトの略。米国では州法に基づく準政府組織のことを指す。特定地区内の事業者や地権者などのメンバーに、徴税権や料金徴収権を付与し、地区内のまちづくりや環境美化の財源として活用することを認める。設立は不動産所有者などの投票によって決められることが多い。

PPP（公民協調）の先駆け「大・丸・有地区」

かつてはビジネス街という印象が強かった東京・丸の内地区。休日ともなれば閑散としていたこのオフィス街が今では観光スポットに様変わりしている。大手町から丸の内、有楽町にかけてのオフィス街が、賑わいのある街として再生できたのは、地権者と行政とが一体となって大手町・丸の内・有楽町の将来像を描き、自らの責任でまちづくりに取り組んできたという背景がある。PPP（パブリック・プライベート・パートナーシップ＝公民協調）の第1号といわれる大・丸・有の開発手法を通して、価値創造型のまちづくりについて考える。

大・丸・有地区は江戸時代、大名の上屋敷が建ち並ぶ政治の中枢エリア。明治以降はオフィス街として知られていた。戦前は、その重厚な風貌から「一丁ロンドン」「一丁ニューヨーク」と呼ばれ、戦後は三菱グループをはじめとする大企業のオフィスが林立する企業村というイメージが定着していた。

昭和50～60年代にかけて都心のオフィス需要が増大、これに伴い国内外の企業が都市機能の集積する大・丸・有地区にオフィスを求めて殺到する。しかし、オフィス街として指定容積をほとんど使い切っていた大手町・丸の内・有楽町地区のオフィス供給能力は非常に限定的なもので、増大するオフィス需要に応えられないというジレンマをかかえていた。

こうした都心のオフィス需要に応えるべく東京都は「臨海副都心計画」を立案、国も都市機能を分散させるべく具体的な検討に入る。まさにこの時期、ビジネス街のビジネス街として確固たる地位を築いてきた大・丸・有地区は自らの力で、その姿を変えようと具体的な取り組みをスタートさせた。

1988（昭和63）年、三菱地所をはじめとする地権者60者による「大手町・丸の内・有楽町地区再開発計画推進協議会」が発足、慢性的なオフィス不足や既存オフィスの機能老朽化に対応した新しい大・丸・有地区のあり方の検討に着手した。協議会の廣野研一事務局長は「都心の業務機能を分散させようというアゲインストの風が吹いていた時期」と当時を振り返る。協議会事務局は未加入地権者に対して協議会への参加を引き続き呼びかけると同時に、将来のまちづくりに向けての布石ともいうべき研究にも乗り出す。

この時期、協議会は「世界都市東京の都心更新の進め方」、「機能分担を考慮した当地区のオフィス需要」をまとめる。この成果をベースに1991（平成3）年には伊藤滋東京大学工学部教授（当時）を委員長とする学識による「大手町・丸の内・有楽町地区街づくり検討委員会」を発足させ、「丸の内の新生」をテーマにした検討に着手する。

1993（平成5）年にまとめた中間提言で検討委はノブレス・オブリージ（身分の高い者はそれに応じて果たさなければならない社会的責任と義務があるという考え方。欧米社会の基本的道徳観）という概念を打ち出した。この考え方は歴史と伝統のある丸の内地区にオフィスを構える地権者らに対して自からマナーを遵守しながら丸の内地区を再生させるべきだという強烈なメッセージとなった。

さらに、中間提言では役所と地元が対等な立場で再開発の実現方策について検討するPPP手法の導入を呼びかけた。行政主導のまちづくりから脱却し、官民協同で新しい首都・東京の顔を再生させるための基本的な考え方がここで示されたといえるだろう。再開発事業については、将来の空間ビジョンを提示するのではなく、皆が共通のルールを提案し、それに従って再開発を進め、いくつかのビルの建設が進んだ時に改めてそのルールを再検討して見直すというインクリメンタル（段階的）な再開発手法を取り入れることを提案、その後の再開発事業に大きな影響を与えた。

1993年の提言を下敷きに再開発の指針となる「大手町・丸の内・有楽町地区街づくり基本協定」が1994年3月に締結された。バブル経済が崩壊し、長期不況に突入したこの時期は、国や都の都心に対する認識が変わり始めた時期でもあった。都心業務機能分散を目指した都の臨海副都心開発が不況のあおりを受けて減速、都心への機能集積が再びクローズアップされることになった。

1999（平成11）年、石原慎太郎都知事が誕生し、都心再生の流れがさらに加速する。石原都知事は就任半年後の11月に発表した「危機・突破戦略プラン」で東京駅の復元と駅前広場、行幸通りの再整備など丸の内地区の再生を東京再生の重点課題として取り上げた。2001（平成13）年にまとめた「都市づくりビジョン」では、大・丸・有地区を国際ビジネスセンターとして再生させる方針が打ち出されるなど、石原都知事の都市の集積を活かす政策がより鮮明に打ち出された。

こうした都の動きに呼応して国は2001年に都市再生本部を設置、翌年6月に都市再生特別措置法を施行。大・丸・有地区は7月に、第1次の都市再生緊急整備地域の指定を受けた。厳しい財政状況の中、国はPFI（民間資金による公共施設の運営管理）手法を導入、丸の内の新生で示されたPPPという概念もこのころから急速に一般的になっていく。

協議会は国や都の都心回帰への流れに呼応、96（平成8）年9月に都、千代田区、JR東日本と協議会による「大手町・丸の内・有楽町地区まちづくり懇談会」を結成、大・丸・有地区の〝将来像〟と、それを実現するための具体的な〝手法〟と〝ルール〟作りに着手した。また、1997（平成9）年には都、協議会、鉄道事業者、道路関係者らが参加する「東京駅周辺地区における都市基盤施設の整備・誘導方針検討調査委員会」が日本都市計画学会に設置され、インフラ整備の方向性についての議論をスタート。同委員会が99年にまとめた緊急提言「東京都心再構築のための都市基盤緊急の提案」には、東京駅赤レンガ駅舎の復元や丸の内駅前広場の整備といった、その後の東京駅周辺整備の骨格とも言える提案が盛り込まれた。

懇談会での議論は1998（平成10）年2月の「ゆるやかなガイドライン」、2000（平成12）年3月の「まちづくりガイドライン」へとつながっていく。まちづくりガイドラインでは、大・丸・有地区の将来像が示されると同時に、アーバンデザインや都市機能、環境、交通、歩行者ネットワーク、スカイラインなどについての考え方や具体的なルールが提示された。

東京駅周辺の再整備については緊急提言を具体化するための委員会（東京駅周辺の再編整備に関する研究委員会）が日本都市計画学会に設置され、2001（平成13）年から検討に着手、赤レンガ駅舎の復元、丸の内および八重洲駅前広場の整備、東西自由通路の整備の必要性が打ち出された。この委員会の検討結果を受けて都は2002（平成14）年6月に赤レンガ駅舎の復元などについて都市計画決定、併せて赤レンガ駅舎の未利用容積率を移転可能とする「特例容積率適用区域」を同地区に初めて適用することを都市計画決定した。

協議会の廣野事務局長は、都心回帰の動きが鮮明になった1999（平成11）年以降を「フォローの風が吹いている状態」と言う。国全体が都市再生へと動き始めたこの時期を境に、大・丸・有地区の再開発は急速な勢いで進んでいく。廣野事務局長は同地区再開発のコンセプトを「ミックスト・ユース」にあると語る。ビジネス街として企業が集まるのはもちろんのこと、人が集まる街として再生させ、「7分の5の街から7分の7の街」（廣野事務局長）に変え、オンとオフの機能がミックスした新しい首都・東京の顔として再生させるのだと強調する。

協議会のメンバーは、この開発コンセプトを実現するために、同地区をいくつかのレイヤーに分けまちづくりに取り組んだ。最初に実行したのは賑わいづくり。有楽町から丸ビルまで通じる「仲通り」の回遊性を高めるため、計画的に路面店を誘致した。折からの金融再編のあおりを受けて、金融機関の店舗統廃合が進んだことも追い風になった。路面店が軒を連ねる仲通りは、まさに新生・丸の内のシンボルとも言えるだろう。

賑わいをさらに大きくしたのが「丸ビル」の再生だ。丸ビルを皮切りに10プロジェクトがリニューアルオープン、8プロジェクトで建て替え工事が進められている。「建て替えられたビルには共通の特長があるんですよ」。廣野事務局長はビルの低層部分に共通のアクセント（表情線）があることを指摘する。「ガイドラインで示されたルールに基づいて歴史的景観であった31mの高さの統一感を配慮し、駅前広場、行幸通り、日比谷通り沿いのビルは同じ高さにアクセントをつけたんです」（廣野事務局長）。

大・丸・有地区再開発計画推進協議会
事務局長　廣野研一氏

順調に進む再開発に併せ、まちづくりはソフト面の充実へと広がっていく。2002（平成14）年9月、協議会での議論を経てNPO法人「大丸有エリアマネジメント協会」が発足。企業中心で進めてきたハード面の整備から、個人ベースでソフト面のまちづくりに取り組む試みがスタートした。NPO設立以降、大・丸・有地区ではアートイベントやカウパレードなど様々なイベントが開催されている。NPOを始めとした協賛企業により運営されている「丸の内シャトル」は、観光客だけでなくビジネスマンの足としても活用されるほど定着している。明確な将来ビジョンと、それを実現させる地道な努力。大・丸・有地区の再生の成功は、交通アクセスに恵まれた都心のビジネスエリアだからという理由だけではない。都市再生は、そこに生きるすべての人々の熱意があってこそ実現するものなのだ。

空き地から地域の再生が始まる

人口減少社会における土地需要

人口問題研究所の中位推計によると、今後、少子高齢化が進み、2006年をピークにわが国全体の人口は減少に転ずるという。既にその推計を上回る水準で少子高齢化が進み、人口減少が始まっているとの指摘もあるが、これから一層深刻になる人口減少社会では、土地需要が大きく減少し、土地余り状態が一斉に顕在化するのではと懸念されている。

土地基本調査（国土交通省）によれば、法人や個人が所有する土地のうち、約13万haが空き地となっている（2003年）。また、世界農林業センサスでは、農地についても、約21万haが耕作放棄地となっている（2000年）。いずれも前回調査時点よりも空き地や耕作放棄地の面積は増加傾向にある。人口が減少しても、核家族、単身者世帯の増加により一時的には土地需要を生み出すとも言われているが、それを上回るスピードで人口減少が進み、土地需要が減少する可能性は高い。既に地方都市においては、人口減少の影響やモータリゼーションの普及などライフスタイルの変化により中心市街地の商店街の活気は失われ、シャッターを降ろした店が散在する地域も多く見られる。

それでも駅前の利便性の高い土地であれば、駐車場としての利用や商店街での暫定的な利用など低利用の方策がある。土地需要の減少が深刻なのは、市街化区域の縁辺部の地域である。ニュータウンとして需要以上の開発を行った住宅地や大規模な工場用地を求めて建設されたが今は撤退してしまった跡地、あるいは、跡継ぎがいない市街化区域縁辺部の農地などである。特に郊外のニュータウンでは、今後一層高齢化が進み、資金的にも建物の更新すら立ち行かなくなり、「ゴーストタウン」へと変貌する危険性も指摘されている。また、市街化地域縁辺部の大規模工場跡地などでは、買い手が見つからないまま放置され、格好の産業廃棄物の不法投棄地になってしまう可能性もある。

経済原理による土地取引の市場に乗らないこうした土地は、今後、「管理されない土地」として、増加していく可能性が極めて高い。

「管理されない土地」は地域にとって外部不経済

土地の利用ポテンシャルを最大限活かしていないという視点から、低・未利用地を減らし、地域の活性化を図ることが政策上重要であると考えられている場合が多い。一方で、低・未利用地は長期的視点に立てば、社会的にみて有効であるという議論もある。都市が新陳代謝を行い、住宅、業務用建築物を含めた旧来の都市インフラを再整備するためには、都市の中に一定の低・未利用地があることが必要であるという考え方である。わが国の都市空間には、公園などの緑地空間が少なく、都市のアメニティの観点からも本来は中心市街地にもっと公園などを整備するべきであるという考え方もある。

しかし、今潜在的に問題となっているのは、市街化区域縁辺部で増加していくであろう「管理されない土地」である。空き地のままでも、人通りが多い地域であれば、何か起こっても誰かが異変に気づき、大きな問題には発展しにくい。しかし、縁辺部の「管理されない土地」では、雑草が生い茂り、乾燥する冬季になれば、火災が発生する可能性がある。あるいは、人目につかない空き地や空き家は、凶悪な犯罪の温床になったり、産業廃棄物の不法投棄場の標的となる可能性もある。つまり「管理されない土地」は、利用ポテンシャルを活かしていないというその土地固有の問題だけではなく、地域にとって「管理されない土地」の存在そのものが外部不経済となる可能性が高い。

こうした問題に対して、「空き地等の雑草除去に関する条例」といった類の条例を制定している自治体も多い。条例では、地権者は空き地の管理義務があることを謳い、雑草などが繁茂しないよう適切に刈り取るべきことが明示されている。あるいは繁茂の状況が甚だしい場合には自治体や周辺住民などが直接刈り取ることを認める

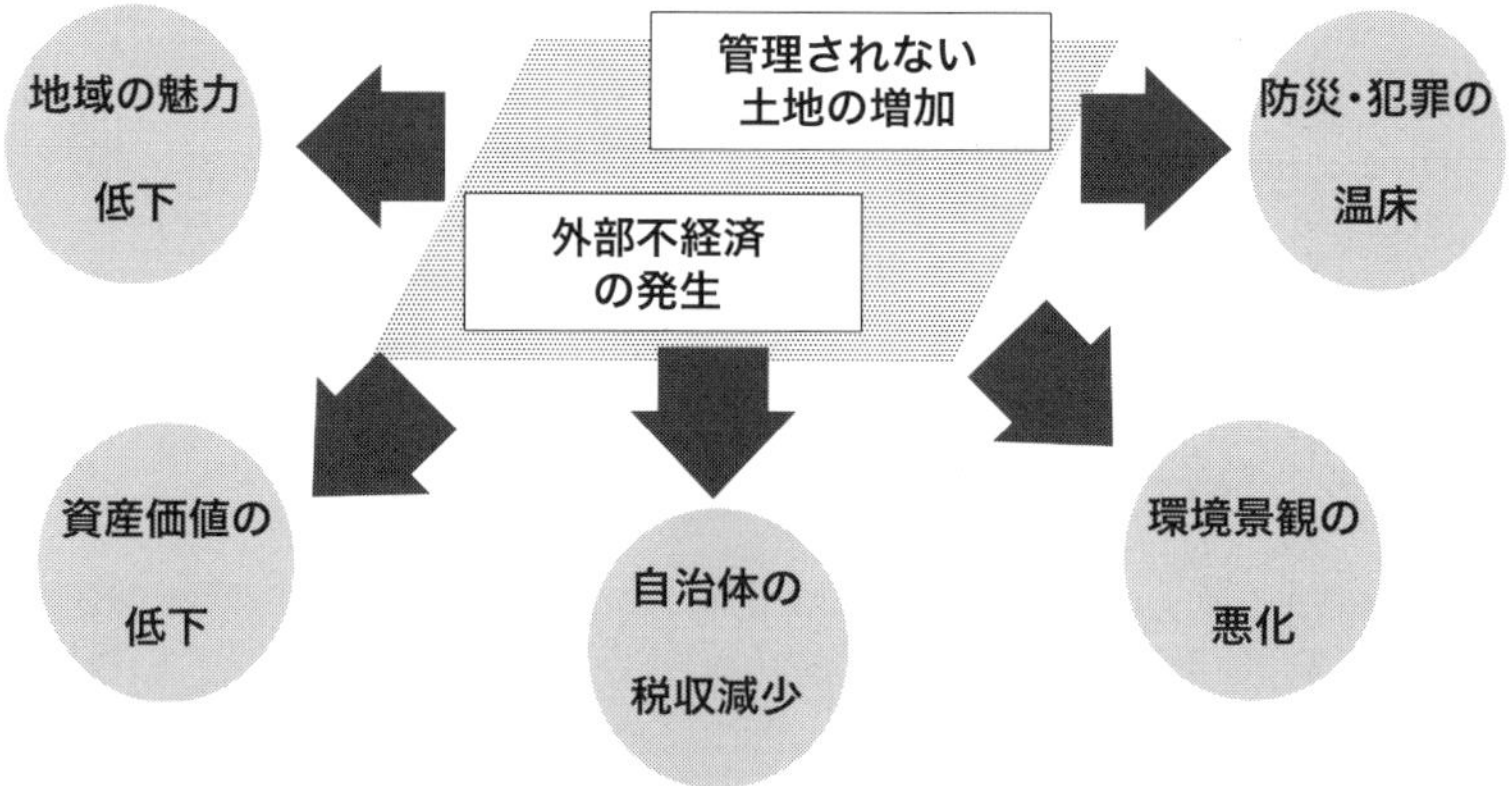

管理されない土地の増加による外部不経済の発生

としている条例もある。自治体がこうした条例を制定する理由は、過去に火災や犯罪などの問題が発生した経験を持つからだ。ある自治体では、空き地で殺人事件が起こったことを契機に条例を制定し、自治体職員による定期的なパトロールおよび管理体制整備を始めたところもある。昔は雑草の除去や害虫の駆除などの問題が生じても近隣住民同士で、問題を解決できたのに、今日は、近隣関係が希薄となり解決を行政に求めるようになってきたことも、条例を制定する一つの要因になっている。

しかし、行政においても「管理されない土地」の対策には限界がある。少子高齢化、人口減少社会は、行政の財政状況をより厳しいものとしている。行政の優先順位からみると、住民の生命の危機に直結するという危険性が少なければ、空き地対策に担当職員を十分配置することができないのだ。そうした自治体の方が多いのが事実であり、地域の外部不経済化を防ぐためには、地域住民が自ら立ち上がり、こうした「管理されない土地」を管理していかなければ、地域の生活環境は一層粗悪なものとなり、その地域の経済的な価値を落としかねない局面を迎えつつある。

参加体験型の余暇を楽しむ

バブル崩壊後、長期の景気低迷が続き、消費活動にもデフレが続いていたが、景気回復の兆しも見られ、国民の消費意欲には改善傾向が見られる。しかし、高齢化も進み、成熟化社会を迎えつつある中、人々の価値観には変化が見られ、バブル期の頃にそのまま戻ることはない。例えば、わが国でも定着しつつある「スローフード」という価値観が支持されているのもその表れだろう。「スローフード」とは、「ファーストフード」に対抗したネーミングであるが、こうした価値観に共感する消費者は、地元や特定の農家などと連携して食材の調達に関わり、あるいは自分たちで栽培、育成に関わろうとしている。お店に並べられた既製品をただ消費するのではなく、自ら生産活動に参加するところから余暇として楽しむのだ。

このような参加体験型の余暇は、これまでも市民農園といった形で、市民の趣味の一つとして取り組まれていた。また、中高年に広まったガーデニングなども同様であり、植物や庭をただ観賞するだけではなく、自ら育て、手入れをして楽しむという参加体験型の余暇の一環と捉えられる。これらの活動の特徴は、ひとりで楽しむのではなく、友人・仲間に自分の成果を見せたり、あるいは共にアイディアを出し合いながら何かを生産することを楽しんでいることといえよう。

「管理＝コスト」からの脱却

「管理されない土地」は、土地需要が減少する今後、一層大きな問題になるであろう。犯罪や火災、環境悪化など懸念される問題を防ぐためには、土地の継続的な管理が必要となる。例えば、定期的な見回り、雑草の除草、落ち葉の清掃などを継続的に行うことが必要で専門業者に依頼すればお金がかかる。しかし、「管理するためにはコストがかかる」という固定概念を改めて考えてみたい。

千葉県の富津市で企業の遊休地を自分たちで整地して、天然芝の野球場を整備し、自ら利用・管理しているNPO法人(注1)がある。彼らは、土地の所有者である企業に遊休土地を数年間貸してもらえるように交渉するところから始まり、毎週末集まって、知り合いから機材などを借りてきて雑草の草刈りを行った。またビニールハウスを作り、種苗会社の協力を得て、芝を育成し、苗を育て、天然芝の野球場を完成させた。

おそらくこの一連の整備業務を専門業者に依頼すれば、数千万円かかる工事になるだろう。さらに、雑草の除去をはじめとして芝の管理を同様に業者に依頼すれば、毎年数百万円のコストがかかる。しかし、彼らは、球場をつくること自体を余暇として楽しみ、また球場を管理して、有料で貸し出したり、自ら試合をやったり、時にはそこで元プロ野球選手

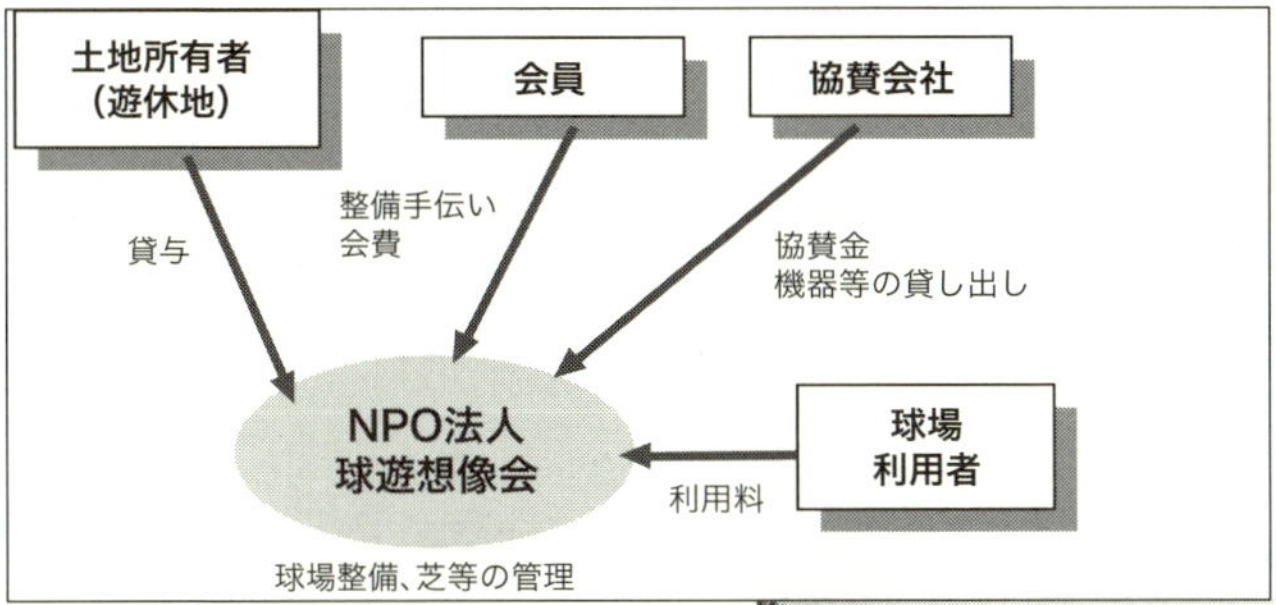

天然芝で整備された野球場
(写真提供　NPO法人球遊想造会)

NPOによる野球場整備の事業スキーム

を呼んで野球教室を開くことを楽しんでいる。

誰かに土地を何らかの目的で利用してもらえば、必然的にお金をかけずに土地を管理してもらえる。新たな土地の購入者や賃貸借利用者が見つかるまで、地権者が空き地の管理にコストをかけ続けることは、大いなる負担となり、現実的ではない。しかし、「管理を委託」するのではなく、地域住民や若者に「土地を活用」してもらえば、地権者にはコストは発生しない。

低・未利用地を地域活性化の資本として

低・未利用地の発生は、土地需要が減少したことの象徴であるが、一方で、経済的な便益を生み出す見込みがないのであれば、地域住民の余暇活動ができるチャンスと捉えられる。無償に近い形で使わせてもらえる土地があるならば、いろいろな活動をしたいと考えるＮＰＯや市民団体なども多いと予想され、経済的な便益を生み出さない土地需要（市民農園やガーデニング、野球やフットサル、バスケなどのスポーツ、時には子どもの野外遊び

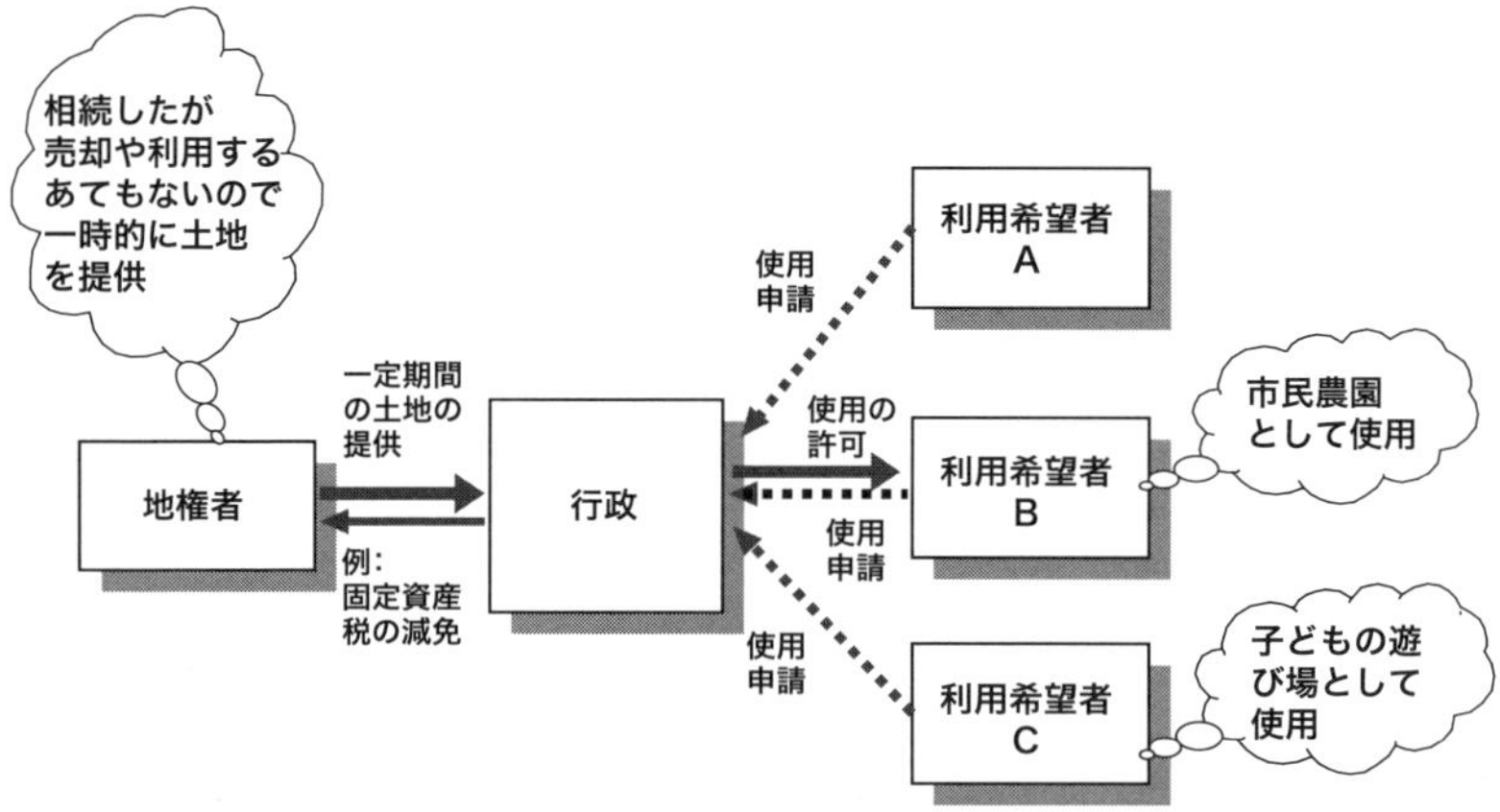

空き地の活用スキーム例

場）は潜在的に広がると考えられる。自ら活動をしようと思わない人でも、毎日通り過ぎている荒れた空き地がある日、市民農園やフットサルコートになって活動が始まったら、自分も参加してみようと考えるだろう。

当然のことながら現在、そのきっかけはほとんどない。空き地の地権者が県外に住んでいたら、地権者を探し出して利用の依頼をしようとする者はいないだろう。しかし、例えば、行政などの公共機関が仲介して、期間限定で土地を供出する地権者を募集し、市民からの利用申請を審査して適正であれば利用させるといった仕組みが機能すれば、状況は一変するのではないだろうか。固定資産税分くらいの金額を、利用者から徴収、または行政が税金を減免し、かつ空き地の管理が行われるのであれば地権者にとっては、悪い話ではないはずだ。行政にとっては、一連の手続きや利用状況の監視などの負荷は増えるが、市民活動の活性化や外部不経済の抑制が達成されるのであれば、検討価値のある政策と考えられる。

土地需要が減少し、経済原理が働かなくなった土地を、コストをかけて管理していくことは困難である。といって、外部不経済が発生するまま放棄するのではなく、むしろそれを種地として活用し、「やらねばならない業務」ではなく、「大人の遊び心」を活かして行政、地権者、活動者が連携することが地域活性化につながるのではないだろうか。

（注1）ＮＰＯ法人球遊想造会は、２００２年から１年以上にわたり、自分たちの力で野球場整備を実施した。

「まちづくり条例」で街の価値を高める

まちの「景観」は誰のものか？

「借景」という言葉がある。借景とは、日本庭園の造園技法の一つとして、庭外の風景を景観として借り、自然景観を人工物に取り込む手法である。まちづくりでもこの「借景」は大いに利用されている。山並みを背景とした街並み、街並みと一体となった店舗や住宅、これらは、背景や周辺の景観と建築物が一体となって価値を創造しているといえる。閑静な住宅地や美しい景観を借りたマンションは、付加価値が高く、人気も高い。では、この「景観」は誰のものだろうか。

国立市の高層マンションを巡る東京地裁の判決は、地権者をはじめとする地域住民によって自己の財産権を制限しながらも形成された景観が街の価値を(注1)高めていることを指摘している。「大学通り」は、「新東京百景」などにも選定され、春には桜、秋には銀杏と四季折々の表情を見せ、国立の顔として魅力的な街並が続いている。このような街並み景観の形成は、当初の街路計画によるところも大きいが、それを守り続けてきた地域の取り組みによるところも大きい。大学通りでは、建築物の高さや色調、デザインなどの基準を住民相互で遵守し続けることによって、独特の景観が形成されてきた。大学通りの街並み景観は、地域住民だけでなく、多くの人々をひきつけ、街のブランド創造にも寄与している。四季折々の美しい街並みへの憧れも手伝って、大学通りには個性的なお店が並び、魅力的な空間を創造している。マンション事業者も、大学通りの景観に高い商品価値を認め、住宅販売時にもこれを積極的に利用していたであろう。

まちの「景観」は、住民、行政、事業者それぞれがその価値を認め、維持していく必要がある。しかし、景観の美しさへの人々の感じ方は多様であり、また、景観にかかわる統一ルールを定めることが地権者の土地利用を制限する可能性もあることから、良好な景観を守り続けることは難しい。

行政や地域住民からは、景観づくりの取り組みをはじめとした地域特性に応じたまちづくりを進めるために、地域独自のルールを求める声が高まりつつあり、各地で「まちづくり条例」の制定が急速に広がっている。

各地で進む「まちづくり条例」の制定

地方分権の動きの高まり、1999年の地方分権一括法の制定などにより、国や地方自治体の行政のあり方や制度に大きく変わりつつある。また、土地利用や都市景観といった、まちづくりに関わる課題について、各地域の個別事情や地域特性などから、全国一律のルールでは対応しえない状況が生じている。2000年に改正された都市計画法でも地方分権の流れを受け、権限の委譲が進められ、地域の実情に応じた土地利用コントロール手段の多様化が図られた。このような背景から、地域独自の土地利用や景観形成、まちづくりの考え方、望ましい基準（以下、「ローカル・ルール」）を明示し、地域の実情に応じたまちづくりを進めるための制度として、「まちづくり条例」の制定が各地に広がっている。

２００４年12月には、良好な景観形成を図ることを目的として「景観法」が施行された。市町村などの景観行政団体が「景観計画」を定め、景観計画区域内では形態や意匠の制限、高さの最高・最低制限、建築物の敷地面積の制限などを定めることが可能となり、条例に基づく変更命令も可能となった。また、より積極的に良好な景観を誘導したい場合には、景観地区を都市計画で定め、数値基準について建築確認で実効性を担保している。

これらの「まちづくり条例」による土地利用調整や景観形成の多くは、法に基づく開発許可や建築確認に先立って、開発事業者に対して行政や周辺住民との協議を通じてローカルルールへの適合を図るものである。

実効性のある「まちづくり条例」策定にあたっては、個別法との調整や条例違反への対応を具体的に詰めていくことも重要となるが、それ以上に各地域がどのようなまちづくり、景観づくりを目指しているか、その具体的な基準を明示していくことが重要となる。ここに、抽象的な「わがまちらしさ」を具体化していく難しい作業が生じるのである。

ルールの共有（旧湯布院町）

旧・湯布院町（以下、湯布院町。２００５年10月1日に狭間町・庄内町との合併により由布市となる。以下は、旧湯布院町の取り組みについて述べる。）は、憧れの温泉まちとして、多くの観光客が訪れたい町としての地位を得ている。しかし、湯布院らしさは、温泉のみによって観光客を呼び寄せることで形成されたものではなく、由布岳を望む景観、まちの佇まい、観光客へのもてなしといった、地域資源を顕在化させ、町民が絶えまなく守り続けてきた帰結といえる。そして、何よりもその湯布院らしさは、観光客のためだけにある資源ではなく、第一に湯布院に暮らす人々のための資源である。

湯布院町では、90年に「潤いのある町づくり条例」を制定した。条例の基本理念には、「美しい自然環境、魅力ある景観、良好な生活環境は湯布院町のかけがえのない資産である。町民はこの資産を守り、活かし、より優れたものとすることに、長い間、力を尽くしてきた。この歴史を踏まえ、環境にかかわる行為は、環境の保全及び改善に貢献し、町民の福祉の向上に寄与すべき」とし、町民が永年守り活かしてきた自然景観、街並み景観を今後も守り続けていくことを示している。

湯布院町では古くから、ダム問題、ゴルフ場問題から、住民による景観論争、環境保全のための開発反対運動が展開されてきた。このような住民による運動から、自然環境、景観を守ろうとする住民の高い意識が醸成され、行政においても積極的な対応が図られてきた。１９８７年のリゾート法以降、湯布院町にはその温泉保養地としてのブランドイメージから、町外の開発事業者による開発ラッシュが続いた。このような事態に対して、湯布院町では「全国一律の法規制では個性あるまちづくりはできない。20年間住民が真剣に取り組んできた自然景観や人の和、観光客へのもてなし、そういったものがすべて壊れてしまう」との認識から、開発に対処するための条例づくりに着手し、5ヶ月という短期間で条例を制定した。景観論争を通じた、自然環境・周辺環境を守ろうとする町民のコンセンサスが形成されていたことが短期間のうちに条例制定に至った大きな要因ともされている。条例という明文化されたルールは一日にしてできるものではなく、ましてや行政から一方的に与えられるものではない。条例制定は、湯布院らしさを守ろうとする市民・行政・事業者の活動の展開を通じて、「湯布院らしさ」という暗黙の規範が徐々に形成され、共有されてきたことが、「湯布院らしさ」の基準策定の背景にあるといえる。

湯布院町の条例では、屋根の形態、外観、色彩について

由布岳を望む湯布院の風景

も「自然環境及び周辺の環境に適したものとする」と規定し、建築物に対して湯布院らしいデザインを求めている。ただ、湯布院らしいデザインがどのようなものであるかは判断が難しい。そのため、町民自らが建築ガイドブックを作成し、湯布院らしいデザインの共有に努めてきた。

住民自らのルールづくり（金沢市）

金沢市でもまちづくりに関わる数多くの条例が制定されている。その一つ「金沢市における市民参画によるまちづくりの推進に関する条例」では、住民が自分たちの住む地域のまちづくりのルールとなる「まちづくり計画」（用途、高さ、形態のルール）をつくり、その実効性を担保するために、住民と市長の間で「まちづくり協定」を結ぶことができるよう定めている。地域の住民主体のまちづくりルール制定には都市計画法に基づく地区計画があり、実効性も高い。しかし、規制の強さは将来にわ

金沢市「ひがし茶屋街」
まちづくり協定では、用途、形態、意匠などの制限、商品陳列ワゴンの制限が定められている。

たって財産権を制限することになり、既存の市街地では地権者の合意を形成することが困難となることがある。また、手続きにも時間がかかり、機を捉えた迅速な対応が難しいこともある。そのため、まずは、緩やかな規制・誘導として、条例にもとづく「まちづくり協定」により、住民たちがまちづくりの方向づけとまちづくり計画を策定することにした。

協定が結ばれた地区で行われる開発事業については、市が「まちづくり協定」の内容に沿うよう助言、指導を行っている。「まちづくり協定」の締結は、「わがまちらしさ」を具体的な基準として明文化し、住民自らもその基準を守り続けていく義務が生じる。

美しい景観は一日にして成らず

「わがまちらしさ」や地域の個性あふれる景観は、一日にしてできるものではない。先に紹介した国立や湯布院では、良好な景観を守り続ける活動を通じて、行政や住民の間で「大学通りらしい」景観、「湯布院らしい」景観が認識されていったといえる。この「らしさ」が共有されてはじめて、皆が納得できるその地域独自のルールづくり、具体的な基準づくりができるのではないだろうか。そして、ルールが守られ、良好な景観が維持されることによって、街の魅力が高まり、土地の資産価値が高まるであろう。

良好な景観は、そこで暮らす人々には潤いを、訪れる人々には魅力ある空間を提供する。地権者にとっては自ら所有する土地の資産価値の向上に結びつく。その街で事業を展開する事業者は、その街の魅力を付加して商品やサービスの質を高めることができる。地域に愛される良好な景観によって土地の収益性が高まると期待される。

国立市の高層マンションを巡る最高裁判決は、「都市の景観は良好な風景として人々の歴史的、文化的環境を形づくり、豊かな生活環境を構成する場合は、客観的価値を有するものというべきである」と指摘した。

長い年月をかけて守られた価値ある景観も、その一部が何らかのきっかけで損なわれてしまえば、全体の損失となり、街の価値を下げてしまうおそれがある。そのためにも、皆が納得できるローカルルールづくりが求められている。

(注1) 国立市大学通りに、市・都の許可を得て高さ44mのマンションが建設されたが、その後国立市は20mの高さ制限を定めた建築条例を制定した。住民側は、民間業者を相手に高さ20m以上を超える部分については違法であるとして訴訟を起こした。争点は、当該マンションが法令違反にあたるか、住民らの日照被害並びに景観被害が受忍限度を超えるかにあった。東京地裁による第一審判決では、「沿道の地権者らが自らの権利を犠牲にして努力した結果形成された景観」であり、「大学通りの景観を評価し,沿道奥行き20m以内の土地の地権者らは,大学通りの景観につき所有権の付加価値として所有権から派生する景観維持を相互に求める利益(景観利益)を有する」として、民間業者に対して一部撤去を命じた。東京高裁による控訴審判決では、第一審判決を取り消し、限度を超える景観被害は認められないとして住民側の請求を棄却した。控訴審判決を受けて、住民側が上告、最高裁は住民の上告を棄却しつつも、「良好な環境の恵沢を享受する利益は、法律上保護に値するものと解するのが相当である」として景観利益を法律上の保護対象とする初めての判断を示した。

ユニバーサルデザインによるまちづくり

着々とすすむバリアフリー整備

1994年のハートビル法(注1)の制定と2003年の同法の改正、2000年の交通バリアフリー法、各自治体による福祉のまちづくり条例などの制定、これらの法令に基づく施設・設備の基準の策定が進められ、公共建築物、大規模集客施設、駅、車両など都市空間のバリアフリー化が着実に進んでいる。

国土交通省によると、ハートビル法に基づく特定建築物の認定件数は、1994度末に11件、2003年度末には2639件に達している。また、1日平均利用者数5000人の鉄道駅のうち、基準に適合した設備により段差などが解消され障害者や高齢者が円滑に移動できる経路が確保されている駅は、2000年度末に29%(795駅)、2004年度末には49%(1343駅)となっている。

バリアフリー化がまだまだ不十分であることは確かではあるが、この数年間に公共空間を中心としたバリアフリー整備のスピードには目覚しいものがあり、高齢者や障害者をはじめとする多くの人々の移動環境・利用環境の改善が進んでいる。

ユニバーサルデザインの考え方

最近では、ユニバーサルデザインの考え方を取り入れてまちづくりに取り組もうとする動きが顕著になっている。国土交通省では、2005年7月に「ユニバーサルデザイン政策大綱」を発表、「身体的状況、年齢、国籍などを問わず、可能な限りすべての人が人格と個性を尊重され、自由に社会に参画し、いきいきと安全で豊かに暮らせるよう、生活環境や連続した移動環境をハード・ソフト両面から継続して整備・改善していく」ことを理念として掲げ、ハードのみならずソフト面の施策を推進していくこととしている。

2006年2月には、ハートビル法と交通バリアフリー法を一本化した「高齢者、障害者等の移動等の円滑化の促進に関する法律案」が閣議決定され、国会での審議が進められている（本稿執筆現在）。

本法案では、これまで個別に取り組まれていた交通と建築物の移動などの円滑化について、高齢者・障害者などが生活上利用する施設を含む重点整備地区内において、公共交通、道路空間、一定の建築物などの一体的連続的な移動経路が確保されるよう基本構想を作成することを求めている。この基本構想の計画段階から住民などの参加を求め、住民などからの作成提案制度が創設されている。

静岡県や熊本県、三重県など一部の地方自治体では、まちづくりから行政サービスに至るまで「ユニバーサルデザイン」の基本指針が策定されている。さらに、住宅開発やマンション販売、自動車や家電などの様々な商品についても、高齢化社会のマーケットを見据えて「ユニバーサルデザイン」の言葉が並ぶようになった。

ユニバーサルデザインとは「すべての人のためのデザイン」「高齢者や障害者に限らずすべての年齢や能力の人々に対し、最大限に使いやすいデザイン」と説明されることが多い。バリアフリーと何が違うのだろうか。バリアフリーとユニバーサルデザインの違いに関する議論も数多く行われているが、定義の議論に固執することはあまり現実的ではないと考えている。ただ、これまでのバリアフリー整備の問題点を指摘するとすれば、それが特別のデザインであったことだろう。

従来のバリアフリーデザインに対しては、障害者専用、個別要素のデザインにとどまっているとの問題点が指摘されていた。例えば、駅やビルでエレベーターが設置されているものの、そのエレベーターは障害者しか利用できず日常は鍵がかけられ、利用するには係員の呼び出しを必要とするといった特別のデザイン、あるいは、建物内は完全にバリアフリー化されているものの、入口と歩道の間に段差が残されているといった連続性に欠けるデザインが見られた。従来は、障害者や高齢者が「障害者であること」「高齢者であること」を意識してしまうデザインが数多く見られた。しかし、今後は障害者や高齢者が特別であることを感じ

管理区分の違いなどにより不連続となる視覚障害者誘導用ブロック。また、周辺床材の色との混乱を招く虞もある。

高さの異なるカウンターの設置
低いカウンターには蹴込みがある。

させないデザインであることが要求されるだろう。

ユニバーサルデザインは、誰にとっても優しいデザインであることを求めている。高齢者や障害者の使いやすさを追及すると同時に、一般の人にとっても使いやすいデザインであることが必要だ。あるいは標準的に人にやさしいデザインであり、高齢者や障害者が何ら抵抗を感じることがなく利用できるデザインであると言い換えてもいい。具体的な事例としては、通路の照明の配列を工夫することで弱視者の歩行誘導となるなどが挙げられる。その意味ではさりげないデザインであることも求められるだろう。

一方で、一つのデザインですべての人の利用しやすさを満足することは難しい。代替的なデザインを用意し、選択権を利用者に委ねることも必要となる。例えば、窓口で高さの異なるカウンターを用意することや、階段に二段手すりを設けることなどだろう。

デザインの連続性

まちづくりにおけるユニバーサルデザインを進めるにあたっては、住宅、公共建築物、民間集客施設、商業施設、駅、バス、道路、公園など、都市空間を構成するすべての要素が連続的に利用しやすく、移動しやすいデザインとなるよう、街全体で計画的に取り組んでいく必要がある。駅構内はバリアなく移動できたとしても、駅前広場や歩道に段差が残されていたり、歩道が十分な幅員を確保していたとしても店舗の看板や放置自転車によって歩道をふさがれていることもある。また、ビルの管理区分が異なることで、誘導サインのピクトや誘導方法が異なっている場合もある。デザインの連続性を保つために、都市空間全体での総合的な計画が必要となる。行政、開発事業者ともに、ユニバーサルデザインを常に念頭に置いて、計画を練り上げていく能力が問われることになる。

システムとしてのユニバーサルデザイン

個別のデザインだけでは、真の使いやすいさ・わかりやすさを実現することは難しい。個別のデザインをつなげ、システムとして利用しやすい生活環境を整備することが必要となる。

ドイツでは、都市圏ごとに自治体と事業者によって地域運輸連合が組織され、多様な交通モードの一体的な運営が行われ、都市圏住民にとって利便性の高い交通体系が構築されている。かつてモータリゼーションの進んでいたドイツでは、自動車から公共交通への転換を進め、中心部を歩行者と路面

路面電車とバス等異なる交通モードをスムーズに乗り換えることのできるドイツの街の風景（システムのユニバーサルデザイン）

電車空間の形成を進めてきた。また、ゾーン制共通運賃体系を採用し、鉄道、路面電車、バスを同じ切符でシームレスに乗り換えることができる。そのため、乗換のたびに切符を買い直す必要もない。また、各交通モードが1ヶ所に集められ、鉄道から路面電車、路面電車からバスなど、異なる交通モード間の乗り換えがスムーズにできるよう考えられている。移動に制約のある人々も、初めて街を訪れる旅行者、大きな荷物を持った人々にとっても、乗り換えがスムーズにでき、料金体系がわかりやすく非常に使いやすいものとなっている。都市のシステムとしてユニバーサルデザインの考え方が具現化されたものといえる。

コミュニケーション・デザイン、進化するデザイン

ユニバーサルデザインに完成形はない。前述したように各種法令に基づいて、施設・設備に関するガイドラインが示されている。設計者が、このガイドラインに示された寸法どおりに整備すればバリアフリーあるいはユニバーサルデザインが実現されたと認識しているケースも数多く見られる。しかし、それだけでは、人に優しいまちづくりが実現することは難しいだろう。利用者のニーズを的確に反映するプロセスが必要であり、設計者のみならず、多様な利用者や利害関係者がコミュニケーションを図りながら、より望ましいデザインを模索していくべきだ。その際には、利用者対設計者という構図でデザインを考えるだけでなく、利用者間のコミュニケーションも重要となる。利用者間で利害が対立するケースがあるのだ。例えば、歩車道段差を何cmに設定するかが議論となることがある。車いす使用者は段差がないことを望

み、視覚障害者は歩車道の区別を認識したいために数cmの段差を望む。すべての人が100%満足するデザインを見つけることが困難な中で、お互いの議論の中からより望ましいデザインを見つけていくプロセスが重要となる。また、一度デザインされた空間についても、利用者によって評価され、改善を図っていくといったデザインの進化を促していくことも忘れてはならない。

ユニバーサルデザインがもたらすもの

都営大江戸線は、地下深くに改札、ホームがあり、垂直移動距離が長いと敬遠される向きもあるが、すべての駅にエレベーターが設置され、ホームから車両への段差も小さいことから、乗車駅・降車駅ともに、車いす使用者が自力で出入口からホームまでアクセス可能な数少ない鉄道路線の一つとなっている。

この大江戸線を利用している車いす使用者からは「生活が一変した」といった声が聞かれる。「街を一人で気ままに歩くことができ非常に快適」、「一人で買い物ができる」、「外出が増えた」、また、「鉄道の風景が変わった。『手伝いましょうか』と声を掛けてくれる人が増えてきた」といった声も聞かれた。車いす使用者が自由に移動することができるため、通勤・通学のために、大江戸線沿線に引っ越した人がいるという。高齢社会が到来し、多くの人が移動に困難を感じるようになると、ユニバーサルデザインの進んだ鉄道沿線や街が居住地として積極的に選ばれることになるだろう。

昨今、大都市のみならず地方都市においても、郊外に住む高齢者が移動や生活の利便性を求めて都心部に移り住む現象が見られる。住み慣れた家や街を離れ、都市部に引っ越すことへの抵抗感もあるが、移動のために自動車の運転を頼む必要がなく、自ら徒歩で生活のできる市街地への回帰が進んでいるのだろう。

ユニバーサルデザインの進んだ街では、障害者、高齢者、一般の健常な人々も互いに接触することが日常の光景となるはずだ。そして、お互いを理解する機会が増えることにより、心のバリアも取り除かれていくきっかけとなり、自然とノーマライゼーションが具現化されていくのかもしれない。

わが国は既に高齢社会を迎えている。大都市部では急速な高齢化が想定されている。今後、高齢者ばかりでなく、移動や生活に何らかの制約を有する人口が今後増加することは確かである。今後のまちづくりにとって、「ユニバーサルデザインの考え方」が当たり前に考えられるべきものとなる。

【参考文献リスト】

国土交通省『ユニバーサルデザイン政策大綱』２００５年

川内美彦『ユニバーサルデザイン』学芸出版社、２００１年

国土交通省都市交通調査室監修『都市交通のユニバーサルデザイン』学芸出版社、２００１年

（注１）「ハートビル法」＝高齢者や身体障害者などが円滑に利用できる建築物の建築の促進を図ることを目的として、１９９４年に制定された「高齢者、身体障害者などが円滑に利用できる特定建築物の建築の促進に関する法律」の略称である。

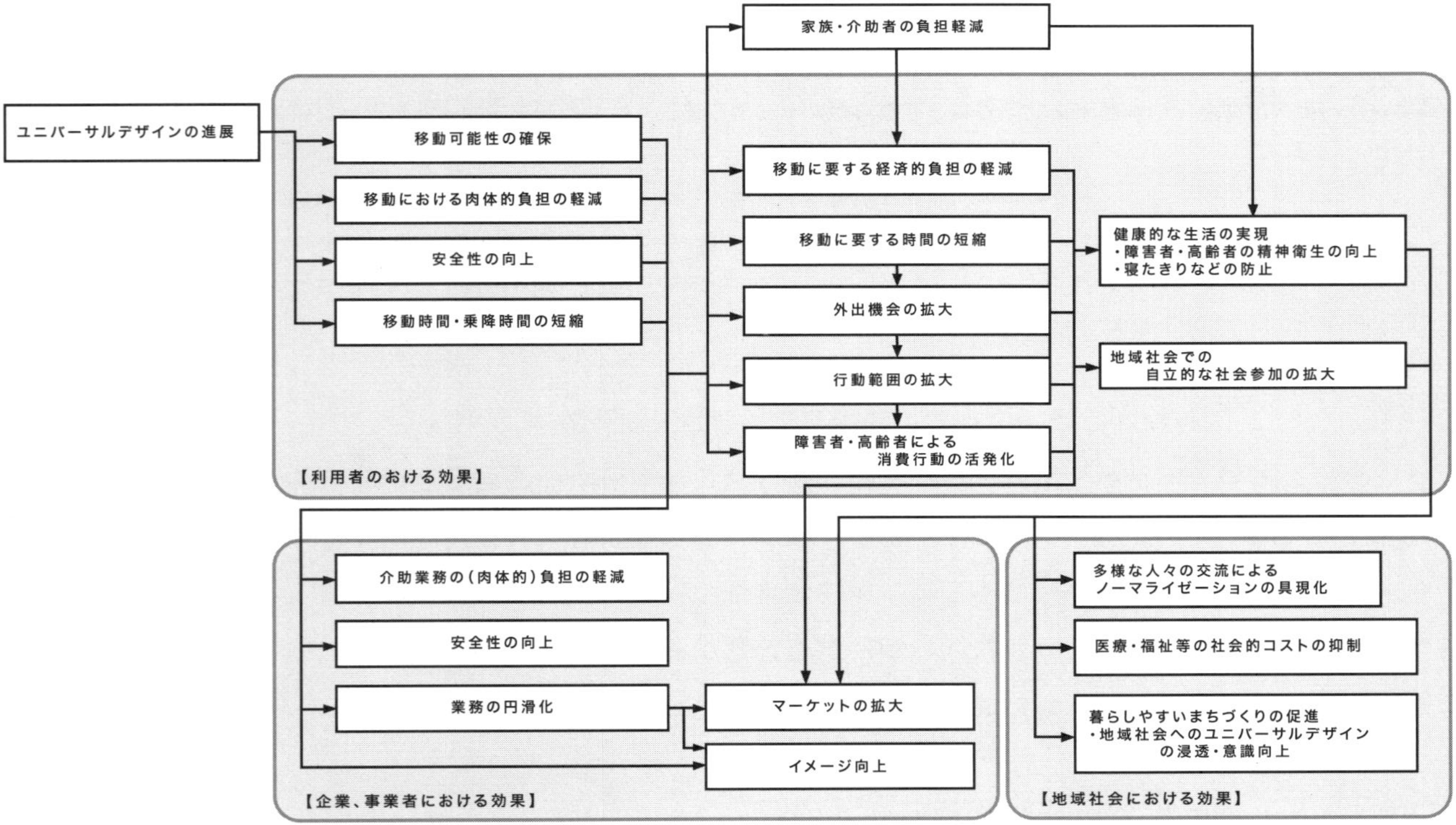
ユニバーサルデザインの進展
移動可能性の確保
移動における肉体的負担の軽減
安全性の向上
移動時間・乗降時間の短縮
家族・介助者の負担軽減
移動に要する経済的負担の軽減
移動に要する時間の短縮
外出機会の拡大
行動範囲の拡大
障害者・高齢者による消費行動の活発化
健康的な生活の実現
・障害者・高齢者の精神衛生の向上
・寝たきりなどの防止
地域社会での自立的な社会参加の拡大
【利用者のおける効果】
介助業務の（肉体的）負担の軽減
安全性の向上
業務の円滑化
マーケットの拡大
イメージ向上
【企業、事業者における効果】
多様な人々の交流によるノーマライゼーションの具現化
医療・福祉等の社会的コストの抑制
暮らしやすいまちづくりの促進
・地域社会へのユニバーサルデザインの浸透・意識向上
【地域社会における効果】

ユニバーサルデザインによる社会的効果

ヨーロッパでは、街中に障害者の行き交う姿が日常の光景となっている。日本でも、多くの障害者と街で出会うことが日常の光景となりつつある。

『風景資産』へ『志民投資』を

～風景の価値が地域を救う～

支持が高まる「スロー」や「LOHAS《ロハス》」

スローフード、スローライフ、スローツーリズム…。「本物」、「こだわり」、「安心」など良質イメージの「スロー」が脚光を浴びている。「そうさ、僕らも世界に一つだけの花…ナンバーワンにならなくてもいい、もともと特別なオンリーワン」。人気アイドル・グループSMAPのヒット曲「世界に一つだけの花」は、「スローの時代」に呼びかける歌だとニュースキャスター筑紫哲也氏は語っている。右肩上がり経済を牽引してきた「ファスト＝早い、効率的」が神通力を失い、その対極にあった「スロー」に注目が集まった。若いタレントや俳優が田舎を訪れ、飛び込みで一晩の宿を求め、田舎人の暖かい人情に感動（感涙）して帰途につく。そんなTV番組が中高年から若者まで幅広い指示を得ている。スローライフとしてイメージしやすい『田舎暮らし』は、週末滞在型市民農園（クライン・ガルテン）やグリーンツーリズムなどの定期的な訪問や滞在、さらにはU・J・Iターンによる農山村への移住などさまざまなかたちで実践されており、田舎が持つ生命力や癒しを求める大都市住民のニーズは、着実に高まっている。

最近スローライフとあいまってアメリカ発のLOHAS《ロハス》（Lifestyles of Health and Sustainability）が脚光を浴び、「ココロとカラダにやさしいライフスタイル」あるいは、「地球環境が持続可能であることを可能にする暮し方」などと訳されている。すでにロハスカフェ、ロハスレストラン、ロハス住宅、ロハスミュージック、ロハスリゾートなどが謳われるなど、広告業界先行の感は否めない。どうやら「無理せず、もっと楽しく、自分なりに格好良くやればいい」という感覚が、「エコや環境は、お堅い感じだし、スローって心地よさそうだけど怠け者っぽくて格好悪いし…」と感じていた層に支持を得たようだ。「プリウス乗って、ヨガやって、食事はオーガニック」に象徴されるファッション化傾向は否めないものの、一方では、「金銭的な豊かさや社会的成功を最優先しない」、「健康的な食生活や環境問題への高い関心」などLOHASが持つ哲学的側面もその支持を高めつつある。人間の身体は、住んでいる風土や環境と切り離すことができないという「身土不二」の精神をアジア的ロハスと解釈すれば、農山村や歴史的街並みの調和の取れた風景の下での「『地産地消(注1)』的くらし」あるいは、「絆が感じられるくらし」への賛同者は、今後ますます増大するはずである。例えば、大都市圏を中心に社会現象化し、全国で210万人といわれるフリーター層や60万人を超えたといわれる「ニート(注2)」層などにもう一つの生き方を提示することも可能となるのではないだろうか。

団塊世代の郷愁が秘める可能性

2005年国勢調査結果が、わが国全体の人口がすでに減少に転じたことを報じた。加えて、2007年から数年間に、『団塊世代』サラリーマン層が一斉定年を迎える。推定数百万人とされる彼らの多くは地方出身でもあり、「うさぎ追いし彼の山、小鮒釣りし彼の川」の風景に対し幼少時の原体験を持ち、ふるさとに離れて暮す親の老後が気がかりな最後の世代と言われている。また一方では、青春時代に培った社会改革意識を引きずり続ける全共闘世代の生き残りでもある。「生まれ育った故郷の風景は、郷愁の中でいつまでも美しくあって欲しい」。望郷の念に駆られ、できれば老後はふるさとで暮らせたらという想い（潜在ニーズ）を持ちながら戻ることのできない現実とのギャップ。故郷に暮らす親への申し訳なさは、年をとるにつれ高まる。その償いとして彼らは、農山漁村の環境や風景の維持・保全への税金投入などについて理解ある層として振る舞う。そのことが、今後、風景の資産価値に対する国民コンセンサス形成の可能性を高めることにつながっていく。『団塊世代』の親たちの後ろ姿を見て育った『団塊ジュニア』世代も多かれ少なかれ同じ遺伝子を持っている。時間をかけて形作られ継承された四季折々の風景は、遠くにあれば心証風景として美しく生き続ける。風景というコンテンツは、大都市に暮す併せて一千万人を越えるといわれる団塊親子世代を頂点に、潜在的な田舎志向の感性やＤＮＡを地方に惹きつけるには格好の媒体なのである。

風景が生み出す地域固有の価値

京都府北部の小さな山村に茅葺きの農家建築群が建ち並ぶ美しい集落がある。美山町（２００６年１月、四町合併により南丹市美山町となる）北村地区、世界遺産に指定された岐阜県の白川郷、福島県の大内宿に次ぐ茅葺き建築数を誇り、「かやぶきの里保存会」が地区ぐるみで村づくりに取り組み、景観の保全と住民の生活維持さらには、地域の活性化を実現させた村でもある。この地区唯一にして最大の財産は、先代より継承された生活文化を醸し出す茅葺き農家が連なる農村風景である。近年では50戸に満たない小さな集落に年間二十数万人の人々が訪れその数は年々増加し続けている。早朝から写真愛好家が四季折々のベストアングルを求めてカメラを連ね、休日ともなれば好奇心満々の老若男女で集落は祭りのにぎわいを呈している。それにも増して注目すべきは、北村地区が長年にわたり地域社会の絆を大切にしながら地区ぐるみで村づくりに取り組み、山村過疎の集落に後継者を育ててきた点だろう。例えば、地元出身のUターン組や大学で建築を学んだIターン組の若者数名が地元の棟梁に弟子入りし、茅葺き職人としての技術を学び、さらには、伝統技術の保全・継承に熱心なイギリスの茅葺き職人学校に学ぶなど茅葺きにこだわりつつも地域を超えた広い視野を持って活動し、若き棟梁や技術者、指導者などを誕生させてきた。風景という地域固有の価値を支える茅葺き技術を地域の産業として次世代に継承する努

美しく調和の取れた茅葺き民家集落の風景（京都府美山町北村）
筆者撮影

力は、茅葺き民家や農山村の原風景の保全・継承活動を通し、茅葺き建築のコスト高要因である茅（原材料）の提供者や茅葺き民家に住み続けることを希望するオーナー（顧客）たちとの全国ネットワークを実現させた。また、北村地区内には、訪れる人々に対するもてなしの場として食事処「きたむら」、お土産処「かやの里」、特産品処「きび工房」、民宿「またべ」、「かやぶき交流館」、「民俗資料館」などのサービス施設があり、「有限会社かやぶきの里」が運営している。会社設立に際しては、地区の全戸参加による検討を繰り返し、第三セクターや事業組合などの選択肢の中から「地区の主体性と持続発展的な自立経営の重視、すなわち結果に責任が取れ、かつ努力した者が報われる経営」にふさわしい組織として有限会社が選択されたという。「有限会社かやぶきの里」には、地区のほぼ全戸が出資しており、また、この会社の経営する施設では、地元の主婦や高齢者はもとより、若い後継者も働いている。わが国では、条件不利地域という大義名分の下でお上頼みの行政丸抱えの活性化事例が多い中にあって、北村で展開されている「互いの顔が見える信頼関係」を基本に地区ぐるみで地域を支える村づくりは、地域主役の地域経営の王道を歩む良き事例と言えるだろう。地域ぐるみの取り組みが実現できるのは、伝統的に農山村社会に伝わってきた「結」あるいは「手間返し」（ご当地では「てんごり」と呼ぶ）などの互助・共助の精神が維持されているからだそうだ。北村の

生活の中に息づく調和美（京都府美山町北村）
筆者撮影

地域づくりを支えてきた立役者の一人である中野文平氏は「多くの人が訪れ地域が潤い有名になるのはありがたいことだが、観光客であふれる「白川郷」の現状を見るにつけ、これからの村づくりをどうしたらよいか悩みは増すばかりです」と語る。スローを求める来訪者のために村の暮らしがファストになったとすれば本末転倒だ。現場の実感の中からのさりげない言葉が「持続可能な地域づくりとは何か」の本質を問いかけている。

『景観法』の制定で何が変わるのか

2005年12月に『景観緑三法』が施行された。縦割り行政の中で国土交通省が農山漁村の良好な景観価値に注目したのは初めてだろう。条文には、景観と調和のとれた「棚田」などで農業的土地利用を担保するために、『景観行政団体』に認定された市町村に対し「適正な管理を行わない土地所有者に対する利用権移転の勧告権」を与え、また、『景観整備機構』として指定された公益法人やNPOが「農作業の受託や土地の管理を行うことができる」旨が謳われている。景観という切り口からこれまでタブーとされてきた土地の所有・管

ジャージー牛が遊ぶ牧草地と八ヶ岳（山梨県清里高原）
「㈱萌木の村」提供

理という私権領域にまで踏み込んだことは、棚田や集落など農山村風景の保全や活用の運動を推進する人たちにとって朗報である。

かつて「アンアン」、「ノンノン」などで紹介され、若い女性が押し寄せ大ブームになった山梨県清里高原に、「萌木の村」を拠点に創作工房やオルゴール博物館、フィールドバレーなど文化的価値創造にこだわり独自のリゾートを展開する団塊世代の経営者がいる。子供のころから「清里開拓の父」ポール・ラッシュの傍で学びながら育った船木上次氏である。「ポール・ラッシュが清里の地に『清泉寮』を建設し、農業青年たちの育成に力を注いだのは、富士山を仰ぐ清里の自然や風景にほれ込んだためだ」、「清里が観光地をめざそうとしたとき、彼は「Do your best and it must be firstclass（最善を尽くせ、しかも一流であれ）」と言った」と船木氏は語る。どうやらポール・ラッシュには、地域づくりに対する先見の明があったようだ。船木氏はさらに続ける。「『萌木の村』事業を通じ、自分なりにポール・ラッシュの精神を具現化してきたつもりだったが、今振り返れば、やはり清里ブームでチヤホ

船木氏が萌木の村で毎年夏、野外で開催している「フィールドバレー」
「㈱萌木の村」提供

ヤされ、いい気になっていたかも知れない。もう一度『つくること』の原点に立ち返り、農業なども展開してみたい」、「これまで行政の補助金に頼らず相当の借金を抱えて事業を展開してきた。富士山や八ヶ岳を遠望する清里の風景は本当に美しい。今日美しいだけでなく、四季それぞれに美しく、感動を与える舞台だと思う。この風景の価値を評価し、資産台帳に載せてもらえれば我々は大資産家だ。そう考えれば自分の借金なんて取るに足らないものだと思う」。「感動、感謝、笑顔」を経営理念として限界にチャレンジする船木氏の豪放らい落ながら豊かな感性が伝わってくる語りを聞くほどに、「オンリーワンの風景」の持つ国民資産的な価値に、この国の将来性を見出すロマンと先見性を持った投資家が増えれば、地域はもっと元気になるはずだという思いがますます強まってくる。

明日の夢を買う『志民投資家』たち

12年前に京阪神を中心に「とにかく美山町が好き」な人たち120人ほどが集まり、「かやぶきの里美山と交流する会」が設立された。年会費の半分を毎年町に寄付し続けたことで、若い茅葺き職人の育成や茅葺き民家の修復の補助など、独自の村づくりに大いに役立ったという。

四万十川上流の小さな山村柚原村で耕作放棄地化する棚田保全のために始まった『棚田オーナー制度』は、すでに全国60ヵ所以上に広がっている。年会費は、おおむね2~4万円。会員には、100㎡の水田での農業体験と30~40kgの収穫米や季節の特産品が提供されるのが標準的なモデルだ。受け入れ側の地元にとっては、会費収入で生産経費と棚田の維持経費が賄えるほか良質な地域イメージもＰＲできる。10kg１万円の米は決して安くはないが、それでも人気は高いという。都市住民の多くは、米の代金を払っているという感覚はない。彼らの満足度が持続するのは、自然に囲まれた美しい棚田での田植えや稲刈り体験、そこで育てた自分だけの米という、「オンリーワンの想い出や夢や安心」を風景込みで買っているからに他ならない。この相互の信頼を基本にウィン・ウィンの関係を保つしくみが「農地として活き・活かされ続ける棚田」としての保全・継承を可能としている。

これからは、地域経営のプレーヤーが多様化し、民間企業と並ぶもう一つの「民」である市民やＮＰＯの役割がますます重要となる時代である。マネーゲームに踊る都会の資金、タンスや預金通帳に眠っている個人の資金を地域自立のファンドとして地方に集めることができれば、地域にもう一つの経済循環が生まれる。『ふるさとの美しい風景』の価値に気づき、子や孫の世代の「この国の夢」に投資する志の高い経営者や市民など未来を見据えた『志民投資家』の登場は、この国の地域再生に新たな地平を拓くに違いない。

（注１）地産地消＝「地元で生産れたものを地元で消費する」と言う意味で、主に農林水産業の分野で使われる。消費者の食に対する安全・安心志向の高まりを背景に消費者と生産者の相互理解を深める取り組みとして期待され、全国各地で展開されている。

（注2）ニート＝Not in Employment, Education, or Trainingを語源とし、英国で社会問題となった。「職に就いておらず、学校などの教育機関に所属せず、就労に向けた活動もしていない15～34歳の未婚の者」の総称として使われている。

「懐かしさ」を生かした地域の再生

密集市街地の今

2003年、国土交通省は「地震時等において大規模な火災の可能性があり重点的に改善すべき密集市街地（重点密集市街地）」として、全国で約8000haの地区を公表した。特に東京都、大阪府といった大都市に密集市街地は多く、公表された全国の密集市街地のうち、6割弱がこの2都府で占められている。

密集市街地とは、道路などの基盤整備が行われないまま、建築物が高密度に建ち並んだ市街地のことである。延焼の危険性が極めて高く、古くから早急な改善が必要と指摘されてきた。特に阪神淡路大震災後、その経験をもとに、国、自治体は、その改善に向けた法制度の整備、個別施策を展開してきた。

都道府県	重点密集市街地面積	都道府県	重点密集市街地面積
北海道	1ha	奈良県	77ha
青森県	51ha	和歌山県	61ha
宮城県	39ha	鳥取県	5ha
埼玉県	120ha	岡山県	36ha
千葉県	474ha	広島県	127ha
東京都	2,339ha	山口県	11ha
神奈川県	749ha	徳島県	18ha
富山県	4ha	香川県	3ha
石川県	35ha	愛媛県	3ha
長野県	10ha	高知県	58ha
岐阜県	4ha	福岡県	194ha
静岡県	2ha	佐賀県	23ha
愛知県	142ha	長崎県	297ha
三重県	19ha	熊本県	46ha
滋賀県	10ha	大分県	27ha
京都府	373ha	宮崎県	8ha
大阪府	2,295ha	鹿児島県	17ha
兵庫県	295ha	合計	7,971ha

「地震時などに大規模な火災の可能性があり重点的に改善すべき密集市街地」の面積一覧

取り残される市街地

東京都内の代表的な密集市街地である東池袋（豊島区）や鐘ヶ淵（墨田区）といった密集市街地に一歩足を踏み入れる。２m程度の狭い路地に肩を寄せ合うように住宅や商店、町工場などが建ち並び、下町の風情を漂わせている。通りで顔なじみを見つけると気さくに声をかけ、井戸端会議が始まる姿も見られる。東池袋では、サンシャイン60などの超高層ビルが立ち並ぶ池袋の副都心も目と鼻の先であるが、この地区はまだ、低層の商業、住宅が立ち並び、昔ながらの街並みを残している。こうした密集市街地には、品川駅や東京駅、六本木ヒルズなど、都心部で進む大規模な再開発とは対照的に、昭和の街並みを再現したレトロテーマパークを思わせるような「懐かしさ」がある。

　こうした「懐かしさ」が感じられるのは、密集市街地の改善そのものが進んでいないためともいえる。経済が活況を呈していた時期、行政や民間では、こうし

懐かしさの残る風景（鐘ヶ淵）

た密集市街地についても大規模な建て替え計画が立てたが、バブル崩壊後の財政難や企業の経営状況の悪化などを理由にそうした事業計画を中止・凍結し、今日に至っている例も見られる。その意味では、今なお残る密集市街地の多くは、大規模な再開発や建て替えが進むエリアに比べ「取り残された」状況にあると言えよう。

合意形成のスピード感

密集市街地の改善が進まない理由の一つに、細街路に面した狭小な敷地の場合、高さ制限などがネックになって必要な規模の住宅が再建できないことが挙げられる。そうした場合、当然のことながら、こうした地区では周辺の住民と共同で建て替えることが必須条件となるが、状況は容易ではない。というのも、密集市街地のでは、土地の権利関係が非常に複雑になっているからだ。土地所有者と借地人、借家人がそれぞれ異なっていることも多い。したがって建て替えるための合意形成を得るのは並大抵の作業ではない。

また、高齢化が進んでいることも密集市街地の改善が進まない大きな要因だ。高齢者にとって仮移転を伴う工事は精神的にも肉体的にも大きな負担である。建て替え後に環境が大きく変化することへの抵抗感も大い。

合意形成に時間がかかることも大きな課題である。地権者らと協議し、詳細な計画まで詰め、合意を得るには、少なくとも1年、場合によっては5～10年もかかることもある。共同建て替えの事業に長年携わった事業者に話を聞くと、地権者らと勉強会などを始めても、結果的に合意が得られず話が立ち切れになってしまうケースもあるという。事業者は、合意形成前からコンサルタントをしないと仕事が始まらないが、建て替え事業が始まる前に途中で協議が終わってしまうと、そのコストを回収できない可能性もあり、事業者にとってはリスクが大きい。したがって、民間の事業者は、開発のスピードが遅くなる密集市街地の建て替え事業に積極的に関わりにくい側面があるのだ。

また、地権者らも、協議、調整に2～3年以上経つと、事業構想そのものの実現感が薄れ、協議の場はもとより、その土地から転出してしまう者も出てくる。特に高齢の地権者にとっては、5年先の将来像よりもっと身近で直近の問題を重視している場合が多い。

「献立」は行政、「料理」は民間

これまで、国や自治体では、密集市街地の改善に向けて、密集住宅市街地整備促進事業などの補助制度を整備している。また、東京都では従来まで行っていた専門家（コンサルタント、税理士、建築士、弁護士など）を派遣する独自の制度に加え、道路整備と一体になって密集市街地の再開発事業を後押しする手法を一部地域に導入していくと公表した。

この新手法では、東京都が道路整備のために用地取得や道路工事を進めるのと並行して、住民との話し合いを通じて新しい地区計画を作成することを支援する。また道路拡幅に伴う土地買収で取り残される家屋の共同化などをアドバイスし、必要な場合は容積率の変更などを行って後押しする手法である。先述の東池袋や鐘ヶ淵は、この手法を用いて本格的に協議を進めるという。道路整備事業を契機として、容積率の緩和や道路用地の買い上げなどのインセンティブを地権者に与え、これまで進まなかった密集市街地の建て替えを一気に進めようというこの手法は大いに期待できるだろう。

こうした制度が整備される一方、これまで密集市街地の建て替えなどに携わってきた事業者に聞くと「制度、施策は多いが、申請手続きのはん雑さなどを理由に制度を利用しないこともある」という声が聞かれた。

近年のまちづくりでは、プレーヤーである住民の参加、民間資金の活用やきめ細かい住民ニーズへの対応という視点が重視されている。今後、密集市街地の改善に、こうした視点

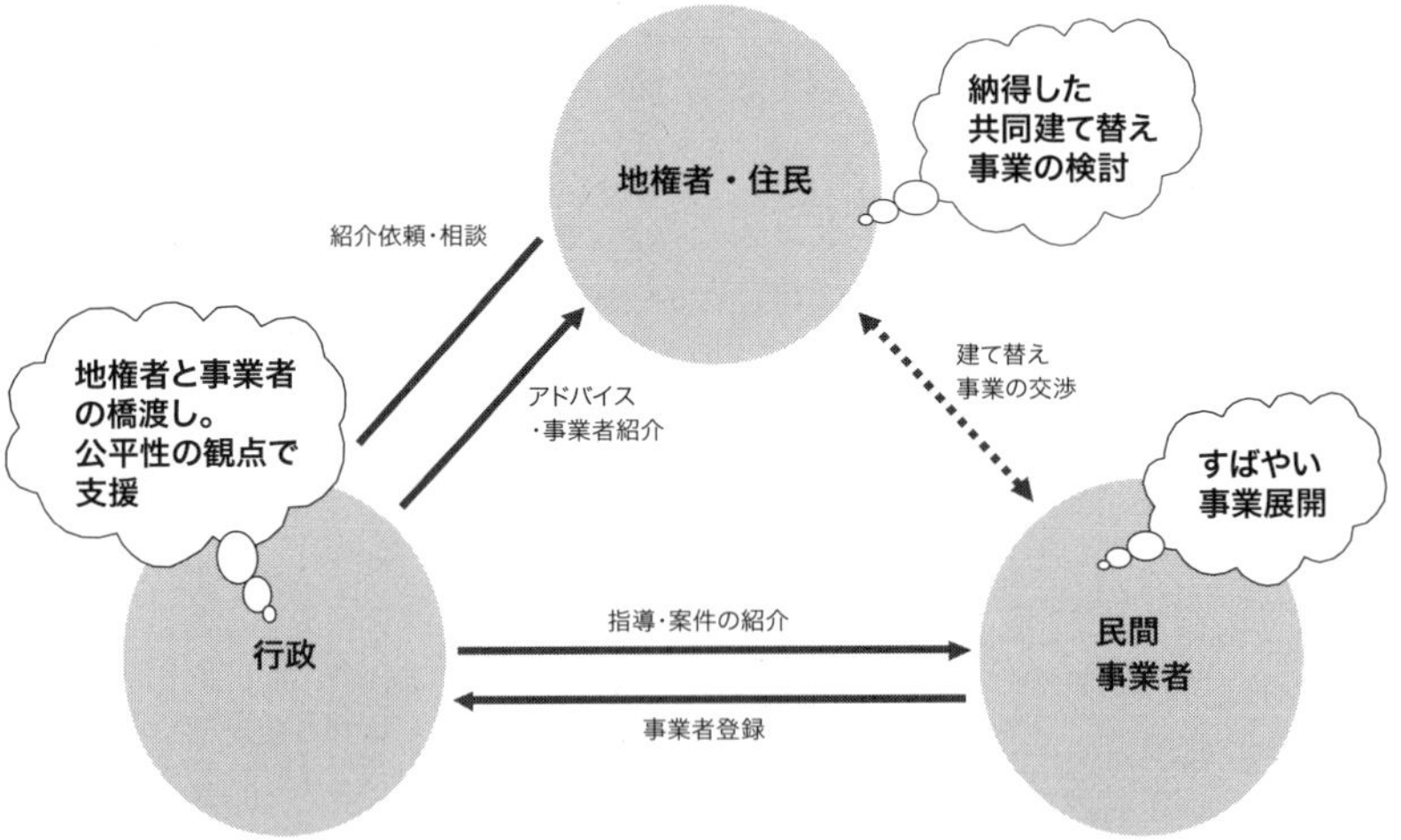

行政、住民、事業者のトリプルウィンの関係

を導入するためには、行政の支援制度が住民や事業者にとって利用しやすくなるよう体系化を進める必要がある。さらに、専門的かつ公平な立場で住民と事業者の調整を行うことが求められている。

すなわち、行政は、住民のオーダーと料理人たる民間事業者の力量を見極めて、材料費を負担しないもののの全体の価値向上に向けた献立を提供するマネージャーとなる必要がある。言うまでもなく、料理の鮮度が落ちないよう、住民のオーダーに応じて適切な料理人を迅速に集める能力がなければならない。

民間事業者の展望

共同建て替えの経験がある事業者の多くは、成功の条件は住民の信頼を得ることだという。建て替えの経験がない住民は、事業者が提示する住宅スペックとそれにかかる費用の妥当性を評価できない。また、再開発事業などで保留床が生じる場合には地権者間の利害調整が必要になる。こうした不安を抱える住民にとっては、事業者に真摯（しんし）な姿勢が感じられないと、不信感が高まり、無用な混乱が発生することがある。

一方、先述のように事業者は、密集市街地再編に対して小規模開発なうえ、真摯な対応が必要となることから「共同建て替えは収益性が低い」と見ていることが多かった。しかし、近年は、地元に密着した設計事務所だけでなく、土地の等価交換型の手法を使って、大手ハウスメーカーが、積極的に共同建て替え事業に取り組む事例も見られるようになった。また、コーポラティブ住宅（注1）のコンサルティングノウハウも生かせる可能性があり、関連事業者の参入も期待される。

更新は終わらない

大規模開発事業は、ニーズが多い時には収益性が高い半面、ニーズを読み違えた場合のリスクも大きい。東京の湾岸に立ち並ぶ高層マンション群をながめると、生きている人の気配が薄く、今後のまちの行く末が気にかかってしまう。一方、密集市街地を見ると、高齢化や人口減少が続いているが、定住人口が確実にあり、建て替えのニーズを潜在的に持っている地区といえる。事業スキームさえ、きちんと整理できれば、安定した収益が見込める事業に育つ可能性がある。

例えば、地区内で新たに整備する建物には、デザインコードを統一し、下町情緒を残したり、また建物を低層に抑えてヒューマンスケールの街並みづくりを行うなど、「懐かしさ」をまちの個性とし若い世代をひきつけ、新たな地域ブランド構築へつなげていくという戦略も考えられる。

近年は、若者の間で「懐かしい」町屋が注目されている。鉄とコンクリートで固められた都市に慣れている若者にとって、昔ながらの木造の造りの建物にぬくもりを感じ、また人が寄り添って住まい、暮らすライフスタイルが新鮮に映るのだろう。最近、京都では不動産証券化の手法を用いて、町屋を買い取り、建物をそのまま活かして商業テナントやアパートとして貸し出すスキームも検討されているという。こうした「懐かしさ」を活かすことは、不動産に付加価値を与えることにつながり、差別化を図る上で重要な要素となる。

密集市街地における共同建て替えは、現状では手間がかかり、リスクも多い事業といえる。しかし、従来の住民、あるいは呼び寄せようとする新たな住民のオーダーを踏まえた献立が適切に提供されるようになると、まさに料理人のアイデア次第で、市街地の更新ビジネスは、継続的で安定した市場へと発展する可能性を秘めているのではないだろうか。

（注1）コーポラティブ住宅＝住宅の購入を考えている人たちが集まり、共同で土地を購入し、自分たちで統一されたコンセプトなどを検討し、設計と工事を発注し、住む側の要望に沿って作られる住宅。

「未利用地を芝生のグランドに」

球遊創造会副代表
小松寛氏に聞く

——まず、球遊創造会について教えて下さい。

「思う存分野球がやりたいという人間が集まった趣味的な集団からスタートした団体という風に考えて貰って構いません。常時活動しているのは10人ぐらいです。」

——その趣味的な集団がなぜ野球場を造ろうと思い立ったのですか。

「これはもうまったく偶然です。私は東京生まれの東京育ち。地元で草野球リーグの運営などを手がけていました。ところが野球場というのはいつも予約で一杯。しかも賃料が高いんです。球場を借りるのも本当に大変なんですよ。こんな苦労するなら自分で野球場を造れないかと思い、ホームページを立ち上げました。冷やかしの反応がほとんどだったんですが、突然、自分も同じことを考えているというメールが来たんです。それが今の代表でした。千葉県富津市のどこに球場を造りたいかまで書き込んである。一度会いましょうということになって、富津にまで行ったのがきっかけになって球遊創造会ができました」

「NPO法人にしたのは、これは自分たちだけの野球場じゃない、地域のみなさんや、野球好きの人たちにも活用してもらおうという思

球遊創造会 副代表　小松寛氏

いがあったからです。また、都市近郊の未利用地や低利用地を有効活用するためのモデルケースにしたいという思いもありました。都市近郊の未利用地は誰にも管理されずに空き地のまま。廃棄物が投棄されたりして周辺環境の悪化を招いています。野球場にすることできちんと管理できるようになる。環境にも良いし、コミュニティーの再生にもつながる。野球場造りは社会性のある活動だと思いました」

コミュニティー再生の場を提供

――野球場がコミュニティーの再生にどうつながるのでしょうか。

「野球をするだけではコミュニティーの再生につながりません。実は地域の子供会や老人会にグランドを開放して、使って頂いています。子供会は野球教室やサッカー大会、老人会はグランドゴルフなどに使っています。かつては学校の校庭がこうしたイベントの会場に使われていましたが、不審者の侵入などによる事件がたびたび起こる今の社会状況で校庭を簡単に開放することはできません。市民が造ったグランドで市民のイベントが開かれることにより、社会参画への意識が高まり、地域というものを見つめ直すきっかけになるのではないかと思いました」

「昔ながらの遊びを通じて老人と子どもが触れ合う機会も提供しています。今の時代は地域や家庭に代わってＮＰＯがこうした場を提供するのではないかと考えています。竹とんぼなどの竹細工やペットボトルロケット、けん玉などを使って芝生のグランドで子どもたちが走り回る。こうした遊びの世界を通じてコミュニティーは再生するのだと思います」

――グランド整備には多額の資金が必要。資金調達はどうしたのですか。

「土地については未利用地だったこともありますが、所有している企業の社長さんが理解のある方で、無償で貸して下さいました。整備に当たっては代表が建設関係の仕事をしていたことが幸いして格安で施工することができました。芝生も種苗会社から格安で提供してもらいました。総事業費が３００万円ですんだのは、関係したみなさんのご協力、地域のみなさんの応援があってこそ。その意味では本当に地域のグランドだなあと思います」

――オール天然芝のグランドは管理が大変ですね。

「今は種苗会社も、管理しやすい芝の開発に力を注いでいますから昔ほど大変ではないですね。ただ、確かに珍しいんでしょう。野球教室の講師に招いた元プロ野球選手でもこのグランドを見ると驚きます。コンクリートのグランドで育った私は、芝生のグランドで野球をするのが夢でした。できるだけ多くの子どもたちに、天然芝の良さを知ってもらいたいですね」

「現在、富津市の教育関連のＮＰＯなどの呼びかけで〝芝生教室〟を開いています。子どもたちのほとんどは休日家にこもりっきり。たまに外出するのは塾に行く時だけというのが実態です。芝生のグランドで思いっきり走り回ってほしい。テレビゲームよりよっぽど楽しいはずです。実は今、小学校のグランドを芝生にしようという運動にも取り組んでいます。神戸にも同じような活動をしているＮＰＯがありますし、芝生のグランドの良さが見直されているのではないでしょうか」

――関心はあってもなかなか整備できないというのが実情ですね。

「自治体は所有する低利用地や未利用地をどうにかしなければいけないと真剣に考えています。でも、整備しようにも財政事情がそれを許さない。ＮＰＯが中心になって期間限定でもそうした土地を有効利用するというのは良いアイデアではないでしょうか。実際に具体的な話も来ていますよ」

「私たちは低利用地や未利用地を芝生のグランドにしたいと考えています。芝生にすることでヒートアイランド対策にもなるし、コミュニティーの再生にも役立つ。必ず、地域や環境のためになる事業だと思います。建設機械のレンタル業者やオペレーターの業界団体と連携する話も具体化していますし、首都圏ならば、直接出向いて事業化することができる体制にはあります。首都圏以外の地域にしてもコンサルティングという形でお手伝いできます」

野球場造りでつながる地域の輪

――まちづくりやコミュニティーの再生というのは本来、行政の仕事です。なぜ、こうした問題にＮＰＯが取り組まなければならないのでしょう。

「これは個人的な見解ですが、今の都市開発は開発事業者のエゴで進められているように思います。街の景観を無視した高層住宅など元々の住民に対するデリカシーに欠けている。文化的な部分も利益追求や効率性という名の元に排除されている。そうしたエゴが結果的にコミュニティーの喪失につながっているように思います。例えば欧州では昔の街並みや建物を生かしてまちづくりに取り組んでいます。だからこそ、地域の誰もが、自分たちの文化やアイデンティティーを大事にしようと考える。日本にはそういった思想を感じません。

そういった個人的な思いが、球遊創造会の活動につながっているのかもしれませんね」

―― 芝生のグランドで野球がしたいという願望を実現できればという思いが、社会活動につながっていった経緯は。

「私自身のことで言えば、高校時代から続けていた音楽活動の影響が大きいですね。やはり何かを表現したいという渇望感があったのだと思います。社会人になって音楽は止めたのですが、世の中に自分なりのメッセージを発したいという思いが心のどこかにあったんでしょうね。実は、野球の野茂（英雄）選手がメジャー入りした95年のオールスター戦で先発した姿をテレビで見た時、ものすごいショックを受けたんです。同い年の野茂がこんなにすごいことやっているのに、おれは一体何やっているんだって会社からの帰り道、かなり落ち込みました」

「その時期の心の支えが草野球でした。音楽で挫折した後、子どもころから好きだった野球に夢中になっていましたから。天然芝の野球場を造りたいというのは、何かを表現したいという思いの現れだったのかも知れませんね。だから社会へのメッセージとして、未利用地の有効利用だとか、学校の芝生化、コミュニティーの再生なんていう言葉が違和感なく自分の中に芽生えていったんでしょうね。そういえば、NPOには若いころ、表現活動にかかわった人が多いですよ。やっぱり何か社会に対してメッセージを発したいんでしょうね」

―― 念願のオール天然芝の野球場もでき、運営も軌道に乗りつつあります。これからの活動がNPOとして正念場ですね。

「何かというと寄付を募るNPOにはなりたくないです。支援して下さる企業のみなさんにも役に立つ活動をしたいですね。球場のネーミングライツや広告看板を買って頂くことやバナー広告を出して頂き、企業PRに使ってもらい、その対価として活動資金をまかなう。そんなウィン・ウィンの関係を築けたら良いなと思っています。NPOで得た利益は事業で社会に還元しようということで私たちは一致しています。グランドの芝生化を通した地域再生にこれからも地道に取り組みたいですね」。

辺境を先端に変える発想

北部九州の国際都市戦略

わが国における九州の位置と今後の選択

日本を中心に据えた市販の世界地図だけを眺めている限り、我が国が「極東」と呼ばれる意味は理解できない。日本だけを切り取った市販の日本地図を見ると九州人には不本意ながら、九州は西の果て「辺境」の地になってしまう。確かに、これまでの九州地域は、東京をはじめとする大都市圏に、石炭や鉄鋼などの資源、農作物、さらには優秀な人材を供給するにすぎない「辺境」と位置づけられてきた。

大都市圏が日本の成長を牽引できるうちは、この地方から都市へという供給システムも問題なく継続されると思われたが、予想以上に急速にかつ全国くまなく進行した非婚化・晩婚化の結果、人口が急激に減少、これに伴う産業構造の変化により、「辺境」の地も否応なく選択を迫られることになった。辺境を支える新たな成長のエンジンを海外に求めるか、それとも自らが成長のエンジンとなるか。どちらを選ぶにせよ九州は、アジアとの交流なしに生き残ることが考えられない時代にある。アジアの九州は、アジアのセンターシティとして成長を引っ張るのか、それとも人・モノ・金を供給するだけのアジアの辺境に成り下がるのか、選択肢は限られている。

全総における九州の位置づけ

1998年に閣議決定された五全総「21世紀の国土のグランドデザイン」で、わが国は多軸型の国土構造への転換を打ち出した。北部九州は4つの国土軸のうち3つ（太平洋新国土軸・西日本国土軸・日本海国土軸）が交わるクロスポイント。地理的にも人的にもアジアへのゲートウェイとしての役割が期待される地域であることが国の開発計画にも明確に盛り込まれた。

全総計画は、3年以上にも及ぶ国土審議会の調査審議を経て策定される。五全総策定時の1997年夏に起きたアジア通貨危機はアジアの持続的な成長に不安を投げかけた。しかし、中国をはじめとするその後の東アジアを中心とする、よりインパクトの大きな成長は、全総で打ち出された北部九州への期待をさらに高めた。

東アジアや東南アジアとの局地経済圏の検討や議論が進んだのも、五全総の検討期間と前後している。九州における「環黄海経済圏」や「日韓海峡技術交流圏」、富山県などを中心とする「環日本海経済圏」などが、アジアの成長を我が国の経済活力に生かすための戦略とセットで検討された。この時期に作られた組織（北九州の国際東アジア研究センターなど）が各地で、現在も引き続き交流事業などの担い手として活動に取り組んでいる。

地域からの発想がユニークな「日本のかたち」をつくる

「辺境」に位置する九州への期待が、生産要素の供給拠点からアジアのゲートウェイに変化した背景には、国際・国内両面の環境変化が影響している。人・モノの移動に制約があっても、情報・資金の移動に制約がないのが、ボーダレス化したグローバルなネットワーク経済の特徴である。地域の自立を促す地方分権・官から民へという動きも、この流れを加速させている。安全保障や歴史認識といった国家間の外交問題以外、端的に言えば企業間の競争や交流という現実的な外交（交流）は、それぞれの地域が独自に取り組むべき分野であり、各地の特徴を活かした取り組みを行うことが重要である。今後は全国一律ではない、地域ならではの発想が、「日本のかたち」を作ることになるかもしれない。

全総計画は、法改正によって「国土形成計画」と名称を改めた。内容もこれまで以上に地域の主体性を重視することになる。それぞれの地域に、与えられた位置づけではない、自らが選んだ自立した姿を求めることになる。この計画の骨格とも言うべき全体計画では、東アジアとの連携が今後日本の取るべき針路として示される方向にある。位置的にも歴史的にも東アジアへのゲートウェイと言える九州が、国全体の発展シナリオのなかで、大きなウェートを占めようとしている。

九州はひとつひとつ？

「九州はひとつ」。道州制など地域ブロックの議論になると、「九州全体でオランダと同水準のＧＤＰ」などといった、九州があたかも一つの文化・経済の統一体であるかのごとく称されることが多い。しかし、九州内部では「九州はひとつひとつ」、言い換えればバラバラであると指摘する冷ややかな声も多いも事実だ。

国際空港の誘致や観光振興、農業振興の場面においても、総論賛成各論反対では、国力の源泉とも言える人口でさえもが右肩下がりの日本社会で生き残るのは難しいだろう。ひとつひとつであることをあまりに強調しすぎては競争力を維持・増進する戦略の実行速度上、大きなハンディを背負ってしまう。地域的な特性を活かし、大きなくくりで成長戦略を描く必要がある。

九州の底力

米国に対する好悪の感情はともかく、日本人にはハワイを嫌いな人が少ない。これと同様に、アジアに暮らす多くの人々がシンプルな憧れや愛着を九州に持つようになれば、そして、その役割を九州が担えるのならば、日本は東アジア共同体というものを単なる絵空事ではなく現実のものとして目指せるようになるだろう。そして日本は、東アジア共同体を実現する上でイニシアチブを取ることができるかも知れない。アジアの人々が愛することができる土地を作り、そこを相互理解の場とする。その場として九州は、地理的にも歴史的にも恵まれた条件にある土地だと言えよう。幸い九州には輸送費を上乗せしたとしても海外で競争力のある高級な農水産物を生産する力がある、訪れる人に提供できる魅力が数多くある土地なのだ。

古代メソポタミア文明が衰亡した原因は、資本蓄積の源であった農業を疎かにし、都市型産業のみに人も金も集中投資した結果だとする説がある。ペルシャに席巻された時には、既にメソポタミアの農業は壊滅状況であったという。兵站が機能しないという問題以上に、蹂躙し焦土と化すことを他国が躊躇するような付加価値ある国土が失われていたことが危機であった。その意味で九州には成長するための魅力が備わっている。後は、それをいかに有効に活用し、エンジンにするかである。求められるのは知恵なのだ。

国際都市の条件と覚悟

九州がひとつひとつになってしまう地域エゴの原因は、「今のままでよい」「大きく変わる必要はない」「だって程よく豊かで都市的な生活がエンジョイできているではないか」という、極めて恵まれた現状に安住することをよしとする考えによるものだろう。そしてそのことが、九州経済を先導すべき北部九州の自立と成長への覚悟を中途半端なものにしてしまっているのではないだろうか。

グローバリゼーションが進む世の中で存在感を維持する都市の条件は、既に人口１００万人ではなく、１０００万人の規模である。国連の２００３年の推計によれば、このようなメガシティは１９７５年時点では東京、上海、ニューヨーク、メキシコシティの4都市しかなかった。ところが２０１５年にはパリ、モスクワ、ロサンゼルス、サンパウロ、ブエノスアイレス、リオデジャネイロ、イスタンブール、ムンバイ、デリー、コルカタ、カラチ、ダッカ、ジャカルタ、マニラ、大阪、北京、ラゴス、カイロを加えた22都市に増加すると予測されている。

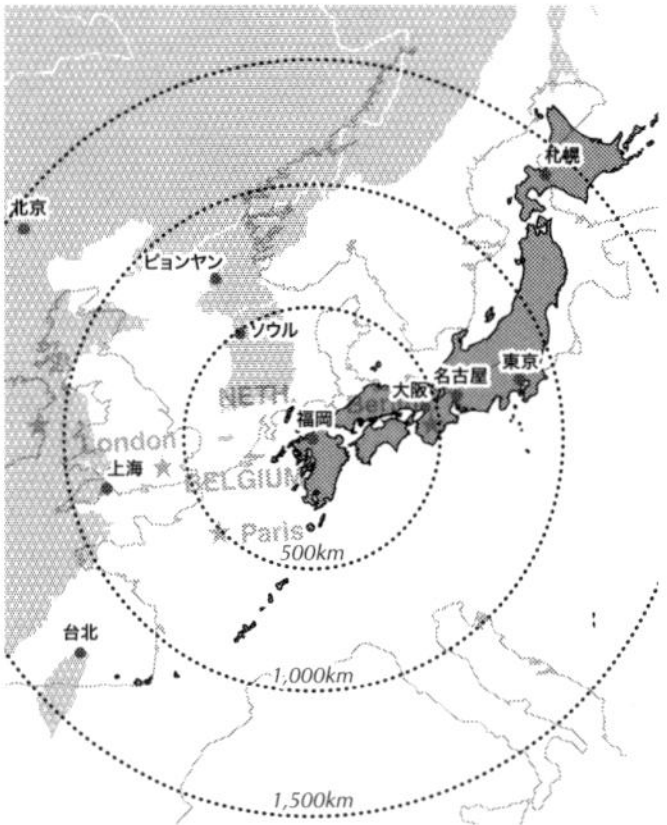

日本の総人口が減少するなか、メガシティとして可能性を有する都市は、多国籍企業と人材に対して求心力を発揮できる国際交流都市のみである。しかし、その地には、これまで日本の都市が経験したことのない、国際都市特有の様々な課題が山積みとなる。これからはリスクを洗い出し、マネジメントする都市経営が求められる時代なのだ。

多様性を享受する国土づくり

これまでの局地経済圏の議論は、製造業と物流の形態に重点が置かれすぎていた面が否めない。現在盛んに戦略が練られている一次産品の輸出についても同様で、供給拠点という意味でのゲートウェイ機能を強化させる方向に終始している。しかし、マザー工場としての技術や人材といった知の集積と、各国が憧れる美味な食資源は、多国籍企業の経営者や従業者とその家族の求心力となり得る。それだけでなく、より大きな効果が期待できる後背圏の連携と協力をも得ることも可能だ。しかし、それには自立と成長への強い覚悟が不可欠となるのは言うまでもない。

そもそも、稲作や種々の文化を中国大陸や朝鮮半島経由で学び取ってきたわが国で、西日本、特に九州の窓口としての役割は大きく、キリシタン大名に例を引くまでもなく、多様性を許容することのできる、開かれた社会が存在していた。黄海をEUにおける黒海になぞらえて、都市間競争に耐え得る国際都市の建設に取り組む。自らが成長のエンジンとなる選択は蛮勇ではない。冷静な自己分析に基づく投資であり戦略である。

■インタビュー■

「アジアの中の九州」

九州・山口経済連合会開発部 國政淳一部長／筬島修三課長に聞く

九州・山口地域の企業など約900社を会員とする経済団体、九州・山口経済連合会は、「アジアの中の九州」の視点に立ち、地域と一体となって人的・経済的国際交流の推進に取り組んでいます。昨年5月には「地方からの道州制の推進に向けて〜九州モデルの検討〜」という提言をまとめ発表し、九州における道州制議論をリードしています。全総計画に変わって国土開発の方向性を示す「国土形成計画」の広域地方計画では東アジアと地域主体の連携が鍵になるであろうと言われています。既に多数の交流事業を経験した地元民間企業の代表として、計画策定に当たってのより具体的な助言が期待されています。同連合会開発部の國政淳一部長と筬島修三課長に、東アジアとの連携と交流、取り組みを通じて実感している課題、今後の展望についてインタビューしました。

――まず、九経連が取り組んでいる東アジアとの交流事業について。

國政　九経連では、「アジアの中の九州」の視点に立ち、地域一体となって人的・経済的国際交流を推進しています。特に地理的・歴史的に関係の深い中国、韓国との連携を強化するため、中・韓両国と当地域の3カ国・地域の官民が一堂に会する「環黄海経済・技術交流会議」や、中・韓両国との2国間定期協議の場である「九州・中国産業技術協議会」、「九州・韓国経済交流会議」を開催するなど、環黄海経済圏の形成に向けた交流を推進しています。

――様々な民間主導の交流を推進しているわけですね。東アジアに絞って活動しているというのは九州の特徴ではないでしょうか。福岡から見れば、上海と東京はほぼ等距離にあり、韓国の沿岸部とは海峡ひとつ隔てた近さです。人と人、つまり個人レベルの交流も盛んなのではないですか。

筬島　それはまだまだでしょう。九経連も、アセアン各国の青年との交流事業、アジア諸国のジャーナリスト招へい事業を通じた人材交流や留学生短期企業研修、九州アジア大学など外国人留学生支援事業への取り組みなど、国際的な人材ネットワークの構築を目指した国際交流事業を展開しています。しかし、アジアの多くの国は入国ビザ（査証）が発給されなければ日本に入ることさえできません。これが交流を進める上で大きな制約となっています。そのため、国に対してビザなしとするよう再三、要望活動を行っています。

――お膝元の福岡市東区で起きた、当時の専門学校生による痛ましい事件については、私も様々な報道を見聞きしてきました。しかし、そもそも犯罪を目的に渡航する留学生など居るでしょうか。未然に動機を摘み取るための、温かみのある「街」「コミュニティ」づくりが必要なのではないかと思います。今はその役割が留学先の大学や専門学校、とりわけ指導教員や、就職先の経営者などに押しつけれ、過大な負担になっています。地域や組織単位での受け入れがまだまだ不足していますね。

筬島　それはありますね。九州に来られる海外からの観光客の方々も、かつて日本人がパックツアーで大挙して欧米の観光地に押し寄せた時のように、交流をしたくても不可能な強行軍での旅をしています。これでは地元もお客様扱いになってしまう。お客様扱いするということは、それ以上の交流の芽を摘むことになるでしょうね。

―― 地域の国際化と言うと「ホスピタリティの向上」「○○街」などの、自分たちの生活やコミュニティとは分離した、生活感のない提案が多いですね。九州のように東アジアの成長と一体化することが可能な、恵まれた条件を備えた地域では、上海やニューヨーク、せめて東京のような、多様性を喜んで受け入れる国際化が必要です。多様性を認めるのはもちろん、我々も国際人となることが求められるのです。都市を成長させるには世界各国からの投資が必要となります。そのためにも「脱倭入亜」、「ルック・ウェスト」が不可欠になります。上海、ソウルと伍する活力ある国際都市となるポテンシャルが、北部九州には十分にあります。

國政　これまでは東京や大阪の市場に真っ先に輸送されていた農産物・海産物を、上海をはじめとする東アジアの大都市に輸出する動きが、九州各地の産地で本格化しています。これを支えるためには九州内および九州から大消費地への物流の高度化を急がねばなりません。国内は人口減少で右肩下がりが当たり前ですが、九州内に国際都市が形成されれば大消費市場になります。夢があるし、面白いですね。

―― 国際都市の成長に必要な第1条件は人材です。産業構造を転換する時に不可欠なのは、その都市に移住し、子どもを安心して育て、有形無形の資産を形成していく「ヒト」なのです。彼らが安心して子女の教育を任せられる教育機関が整備されているか、豊かな休日が過ごせる施設や空間があるか、何より最高の食材を家庭の味にできる自然があるかが重要です。九州はこうした条件をある程度備えた地域だと思います。もちろん、自立への覚悟も必要です。国際都市には混雑やストレスがつきもの。このような空間の不経済をマネジメントするには、国際都市の後背圏が重要な役割を担います。「ひとつひとつ」ではいられない。

笈島　子女の教育については、海外の技術者などが大いに気にするところだと聞きます。ボストンのような国際的な文教都市が形成できれば、国際的な都市間競争でも優位性を発揮できるでしょうね。ある有識者の方の考えに「風呂敷理論」というのがありましてね。風呂敷の真ん中をつまんで引き上げていくんです。そうすると全体が上がる。特徴ある地域を応援することで、全体の底上げができるということです。言い得て妙ですよね。

――　要は、どんな人が憧れる場所になりたいか、そのために何をすべきかを国際競争という文脈の中で考えることですよね。これはこれから時代を生き延びる必須の考え方だろうと思います。九州に多様性を認める日本初の国際都市をつくり、世界中からこの大都市の成功を支える「のぼせもん（博多弁で上を目指して頑張っている人、情熱にあふれている人）」を集めたいですね。

最先端をゆく「韓流」都市開発

～世界の注目を集めるダイナミックさ～

日本橋復活のモデルはソウルに

東京・日本橋の上を首都高速が覆ったのは、東京オリンピック前年の1963年。以来40年あまり、日本の道路の起点となる橋が、「道路の下」にあるという皮肉な景観が続いてきた。ようやく今年、国道交通省は、2016年までの完成を目指し、日本橋周辺の首都高速地下化などの調査費を計上するという(注1)。

東京都心部における長年の悲願ともいえる日本橋再生だが、これとよく似たプロジェクトを、既に現実のものとした街がある。ソウルである。

「漢江の奇跡」と称されるほどの経済成長をとげた韓国。IMF危機という苦しい時代を克服し、近年では堅実な成長を続けている。この漢江に流れ込む支流の一つ、清渓川（チョンゲチョン）は、ソウルの中心部を流れる小川である。数年前まで、この川の上空は高架の道路で覆われていた。この道路を取り壊し、川を昔の清流のままに復元するというプロジェクトが敢行され、2005年10月ついに完成したのである。

当初、交通渋滞を激化させる、壮大な無駄遣いだ、などと批判されたプロジェクトだが、完成してみると、蘇った川の流れに誘われて多くの客が集まり、一気に観光資源として注目されるようになった。「清渓川マーケティング」という言葉まで生まれたそうだ。

清渓川

次期大統領有力候補の辣腕

このプロジェクトの立役者は、李明博（イ・ミョンパク）ソウル市長だ。現代グループ建設部門のCEOの経歴を持つ市長は、ソウル再生のための大胆なプロジェクトを次々と打ち出し、着実にその成果を挙げている。その人気は、2007年の次期大統領選挙の有力候補といわれるまでに高まり、ニューズウィーク誌（日本版、2006年1月11日号）では、2006年の世界のキーパーソンの一人としてあげている。

ソウルの人口は約1000万人。韓国の全人口4800万人の約2割が集中する大都市だ。近郊も含めたソウル首都圏の総人口は2000万人ともいわれ、実に全人口の4割強が首都圏に居住するという、日本以上の一極集中構造である。これを是正し、均衡発展を図る目的で、政府は行政首都を移転する計画を進め、公営企業の地方移転も推進中である。李市長は、上海や香港などとの国際都市間競争をにらみ、こうした施策とは逆に、ソウル都心部の一層の強化を図ろうとしている。

李市長の進めるソウル再生プロジェクトは、清渓川にとどまらない。

清渓川が漢江に合流する地点にあったかつての競馬場は、「ソウルの森」と呼ばれる巨大公園に再生された。動物が放し飼いにされるなど、ソウル市民にこれまでない憩いの場所を提供し、年間1000万人に匹敵する集客ペースを記録しているとのことだ。その周辺では、ポテンシャルを生かした大規模複合都市開発が計画中である。

2002年日韓ワールドカップの際、赤いTシャツを着た

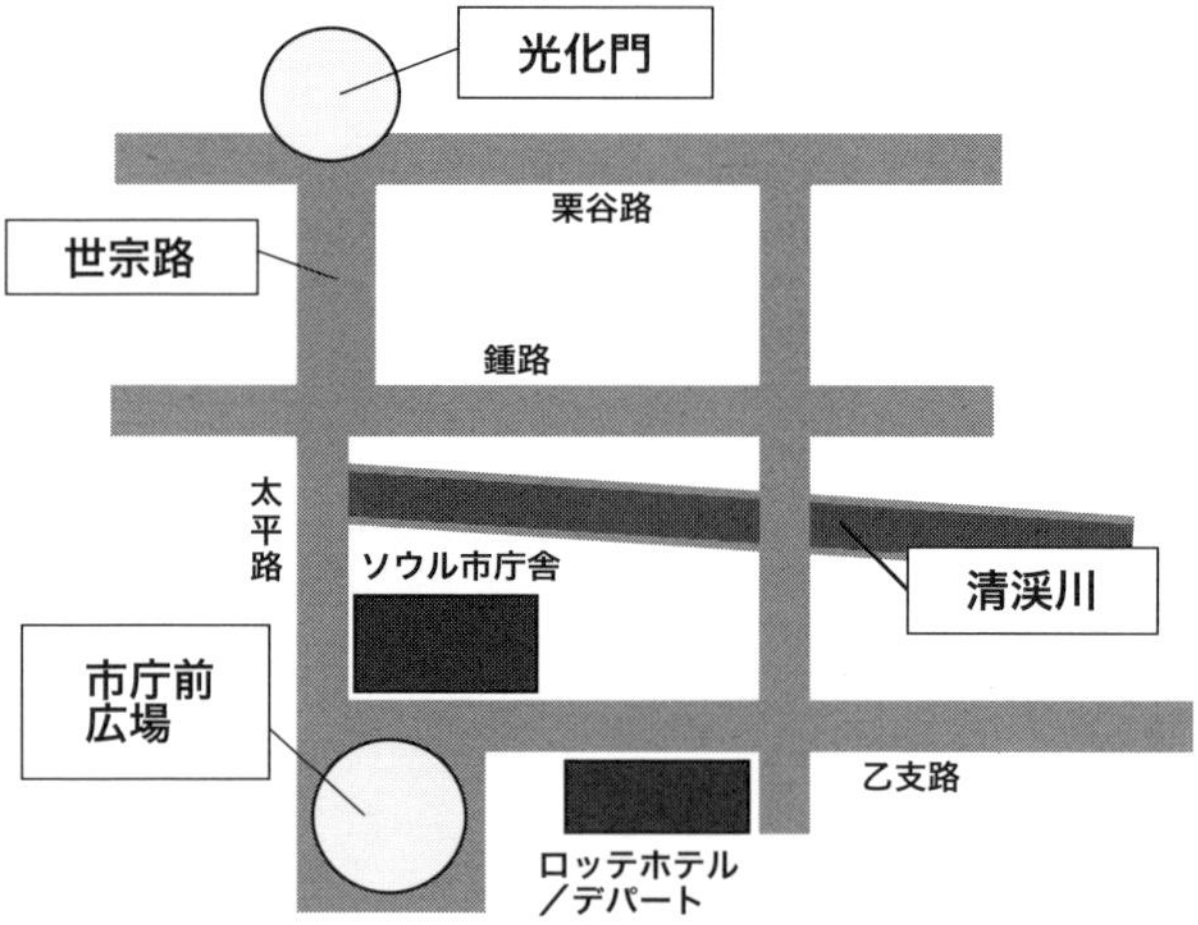

図表1-8-1　ソウル中心部略図:光化門、市庁、清渓川

サポーターで埋め尽くされたソウル市庁舎前広場。ここは全面がロータリーとして多数の車が行きかっていたが、今や広場として改装され、2005年の冬にはスケートリンクが登場した。

さらに、この市庁前広場からかつての王宮（景福宮）の光化門に至る「世宗路」は、片側10車線ほどの大通りだが、この中央部を遊歩道化する工事が進行中である。

また、市内のバスを系統別に色分けする、バス専用レーンを道路中央部に整備する、など李市長の取り組みは、都市再生のための極めて具体的で実践的な処方箋にあふれている。同時に、多くの批判をおさえて都心の道路を廃止する、という大胆でダイナミックな手法は、「韓流」都市開発の大きな特徴の一つとなっている。

仁川の巨大プロジェクト

ソウル中心部の再生が進む一方で、近郊では一大国家プロジェクトも進行中である。

仁川（インチョン）の松島（ソンド）国際都市は、韓国初の自由経済区域の中に位置する開発で、仁川国際空港の対岸部の埋立地の約5300ha、東京の山手線内に匹敵する規模を有する。北東アジアのハブを標ぼうする都市として2010年の上海万博を街びらきのターゲットとし、2020年までの全体完成を目指している。その規模といい、完成目標年次といい、これもダイナミックな「韓流」都市開発の見本のようなプロジェクトである。発表時には、気宇壮大な絵空事と捉える向きもあった開発だが、ここにきて着々と進捗するにつれ、その青写真が現実味を帯びてきた。

まず、開発用地と仁川国際空港を連結する韓国最長の連絡橋が2005年に着工され、2009年の完成を目指して工事中である。この仁川大橋プロジェクトは、英国の建設専門誌「コンストラクションニュース」において、世界10大プロジェクトの一つとして、ニューヨークの世界貿易センタービル跡地開発（フリーダムタワー）プロジェクトなどとともに選出された。橋の完成後は、空港とソンド国際都市が15分で結ばれることになる。

5300haの埋立はまだ途上だが、既に完了したエリアでは、住宅開発や企業立地が着々と進行中である。テクノパークゾーンには既に韓国内企業や米国企業のR&D施設の建設が始まっているほか、デジタル・エンターテイメント・クラスター（DEC）には、サンマイクロシステムやマイクロソフト、ヒューレットパッカードなどが計3億ドル、ハイテク・バイオインダストリアル・コンプレックスには、VaxGenやK&Gが計1億5000万ドルの投資を行うと発表されている(注2)。

民間主導の国際業務地区

自由経済区域ソンド地区5300haの中核をなすのが、約550haの国際業務地区である。このエリアは仁川市から払い下げを受けた民間会社により開発が進められている。開発にあたるのは、韓国の巨大製鉄会社ポスコの子会社であるポスコ建設（POSCO E&C）と、米国のデベロッパー、ゲイルインターナショナルによる合弁会社だ。

この国際業務地区は、開発内容や事業手法の面でも韓国内で例をみない要素が数多く取り入れられており、大きな注目を集めている。その注目度は、2004年春に発売された同地区のマンションの売行きにも表れている。同地区の先陣を切って発売された64階建タワーマンション4棟を含む住宅は、わずか4日で2200戸を完売するという人気を博した。

他にも、国際病院、インターナショナルスクール、コンベンションセンター、ゴルフコースなど、多くの魅力的な要素が盛り込まれ、一層の注目を集めつつある（図表1-8-2参照）。

バブルの懸念と今後

実はここ数年のソウル及び近郊の住宅は、投機対象としてみられることが多く、市場は過熱気味と指摘されており、その沈静化に政府も積極的に取り組んでいる。特に2005年8月に発表された施策により、かつて「造る先から売れる」状態であったマンションには、一部売れ残る物件が出てくるようになったともいわれる。しかし、ある住宅市場分析の専門家は、次のように指摘する。「市場の回復は、時間の問題だろう。投機的色彩がやや弱まり、実需中心の市場になっていく可能性があり、むしろ堅実な市場になっていくのではないか。そのとき重要なのは、いかに差別化するかだろう。」

都市としての計画性、デザイン、多様な機能複合、自由経済地域としての数々の優遇策など、差別化要因には事欠かないソンドは、この見方に沿う限り、大きなポテンシャルを維持し続けるに違いない。

ダイナミックな「韓流」都市開発

韓国における都市開発を表現するなら、「ダイナミック」の一語に尽きる。日本からみると、そこにどうしても一抹の危うさを感じざるをえない。しかし、実際韓国を訪れて肌に感じるのは、ソウルの都市再生や仁川の巨大プロジェクトを着実に進めてきた自信と自負だ。そこにあるのは、将来の都市像を描き、これに向かって一気に突き進む行動力である。

日本はバブル崩壊の痛手からようやく立ち直りの兆しを見せているが、バブルという過

ソンド国際都市　左:地区の模型写真　右:地区の現況写真（2006年2月撮影）

項目		内容
規模、計画人口、事業期間		松島地区全体：約1,600万坪、25万人、1989～2020年 （うち国際業務地区：約160万坪）
インフラ整備		◆仁川大橋（2009年10月開通予定、事業費約2兆ウォン） —仁川国際空港とソンド国際都市、第2,3京仁高速道路を結ぶ ◆地下鉄延伸（2009年10月開通予定、事業費約7千億ウォン） —仁川市既存市街地からソンド国際都市へ延伸 ◆第2ソウル外郭循環高速道路、第3京仁高速道路（2008年開通予定、事業費約1.3兆ウォン）
国際業務地区での主要施設	コンベンションセンター	国際会議場及び展示場：延床面積約16,000坪（第1期） 2005年3月着工、2008年12月竣工予定
	1stWorld	64階建超高層住宅4棟を含む住宅街区（計12棟）：延床面積約16万坪 2005年、2,200戸を先行発売し4日で完売。40～50坪で1戸平均約4,500万円～6,200万円 2005年5月着工、2009年1月竣工予定
	インターナショナルスクール	地区内に2校、各校定員、2,100名。1校目の運営は米国International School Service 米国ミルトンアカデミーと教師、学生交換及び教育プログラム共有のためのMOUを締結 2006年3月8日着工
	国際病院	600床規模、米国New York Presbyterianを運営者とする交渉中

図表1-8-2　ソンド国際都市の最新進捗状況

去にしばられ、大胆に一歩踏み出すダイナミックさに欠けていないだろうか。一方、韓国では、IMFという未曾有の経済危機から立ち直り、確実に未来を見据え、走り始めているようだ。「韓流」都市開発は、その一つの象徴になっている。

（注1）2006年1月8日付朝日新聞1面より
（注2）仁川自由経済区域庁広報館資料に基づく

コンパクトシティ

～人口減少時代の処方箋となるか？～

わかりやすい、でも姿が見えない「コンパクトシティ」

ついに人口の減少局面に入った今、コンパクトシティは、これからのわが国のまちづくりが目指すべき方向性としてますます注目されるに違いない。既に多くの地方自治体が長期計画や都市マスタープラン、街なか居住施策などにその視点を導入し、中央省庁においても、国土交通省や中小企業庁などが数年来、調査・検討を重ねている。

しかし、コンパクトシティとは、言葉からイメージされる都市像のわかりやすさ（様々な都市機能が「コンパクト」に集まった街）とはうらはらに、現実にどのようなまちづくり、都市形成ができるのか、その姿がなかなか具現化してこないというのが実態だ。

人口減少、少子・高齢化社会に突入したわが国において、既存の都市ストックを効率的に活用し、インフラの維持・管理費用を最小限に抑えながら生活の質を確保していくためには、都市の中心部になるべく多くの機能と人が集中して活動することが望ましい。これが、コンパクトシティを説明する典型例の一つである。

いざ現実を眺めると、郊外への無秩序なスプロール化は進むだけ進んでしまった感がある。今さらコンパクトと言っても、いったいそれはどこまでをくくればよいのか。くくったとして、その外にある街を取り壊しでもするのか、といった疑問は避けられない。結果として、多くの都市で概念的な提示となったり、中心市街地活性化方策的な捉え方となったりしているのが実情で、「コンパクトシティ」から想起される都市の全体像を具体化するには至っていない。

時代背景とコンパクトシティ

コンパクトシティの概念は、１９７０年、ダンツィク・サーティが提唱したことに始まる。彼が提唱したのは、都市機能を五層に分けて立体的に積層化することによってコンパクトな立体都市を構築することであった。実は、欧米における現代の「コンパクトシティ」は、ここで提唱された概念とは必ずしも直結しないと考えた方がわかりやすい。むしろその起源となるのは、１９０２年に提唱された「田園都市」（エベネツァ・ハワード）であり、郊外ニュータウンの原型とされる概念である。わが国ではこの概念を引き継ぐ形で多くの大規模郊外ニュータウンが戦後形成されたが、田園都市として提唱されたのは、元来職住近接型の自立した都市であり、都心への通勤を前提とした衛星都市ではなかった。

欧米では、その後「持続可能性」が重要なキーワードとなり、サステイナブルシティを指向する都市戦略が多くの都市で採用され、コンパクトシティがその具体的なモデルとなっていった。ニューアーバニズムやスマートグロースといった概念も、基本的にはこれらと同一線上で登場してきたものと理解できるだ

ろう。すなわち、コンパクトシティは、都市における開発圧力が拡大する中で、
●いかに持続可能性を維持しながら都市の発展を管理していくか
●都市の拡大とともに衰退したインナーシティをいかに再生するか
といった命題への回答として提示された都市戦略の姿といえる。

これに対し、わが国では、今後人口減少にともなって都市の活力や開発圧力が減退していく可能性がある中で、既存の都市インフラやストックを効率的に活用していかなければ財政的な負担にたえられない、といういわば「マイナス圧力」が大きな背景要因となっている。

東京はメガ・コンパクトシティ化

かつて諸悪の根源かのように批判されていた「東京一極集中」。前述した「マイナス圧力」下でのコンパクトシティの概念

年代	欧州	米国	日本
1900～50年代	・1902：ハワード「明日の田園都市」 ・1903：田園都市レッチワース建設	・1923：近隣住区論 ・1929：ラドバーン開発	・1950年代以降：スプロール化、ドーナツ化が進行
1960～80年代	・1970：サーティ、コンパクトシティ（立体都市）を提唱 ・1987：国連、環境と開発に関する世界委員会でサステイナブル開発の重要性を指摘 ・1989：イギリス、アーバンビレッジキャンペーン	・1960～70年代：民間による郊外住宅地の開発（サンシティ（60）、レストン（63）、ラスコリナス（73）） ・1985：サンフランシスコ市、都市の成長管理方策を制定 ・1989：シアトル市、都市成長管理方策を制定	・1963：新住宅市街地開発法によりニュータウン開発が開始 ・1986：新住宅市街地法改正、自立型ニュータウンへと転換
1990年代以降	・1990、92：EU委員会「サステイナブルシティ戦略」「コンパクトシティ報告書」発表 ・1996～2000：オックスフォード大学など、「コンパクトシティ論文集」発表	・1993：13州で成長管理に関する法律制定 ・1994：アメリカ計画協会、スマートグロースを提唱 ・1996：ニューアーバニズム会議が27項目の憲章を採択	・神戸市、コンパクトタウン構想を打ち出す ・千里ニュータウン、歩いて暮らせるまちづくりを打ち出す

図表1-9-1　コンパクトシティ施策年表

には、人口の郊外への分散よりも、都心部への集住を望ましいとする、いわば都市への人口集中を肯定する側面がある。

近年東京を中心として指摘される都心回帰の動きは、実態として東京都心部において「コンパクト」化が進みつつあることを示しているともいえる。都心回帰の動きは、東京およびその周辺県との人口転出入の動きにも明確に表れている。

1980年まで遡ってみると（図表1-9-2参照）、東京は一貫して地方から人口を吸引し、ある年代になるとその人口が周辺県に流出する、という形で「地方からの吸引・周辺県への供給」という構造を維持してきた。しかし、2000年以降、周辺県への流出が止まり、東京への一方的な流入の構造のみが続く形になっている。この傾向は、主に20～30歳代の若い世代で顕著である。大学入学とともに上京し、就職や結婚を機に周辺県へ転居する、という典型的なモデルが崩れ、上京した後、東京に住み続ける生活が増えていることを示唆している。すなわち、東京都外部へのスプロール化の圧力が大幅に低下し、東京そのものがメガ・コンパクトシティ化しつつある、とみることもできる。

東京都の転出入超過数の推移

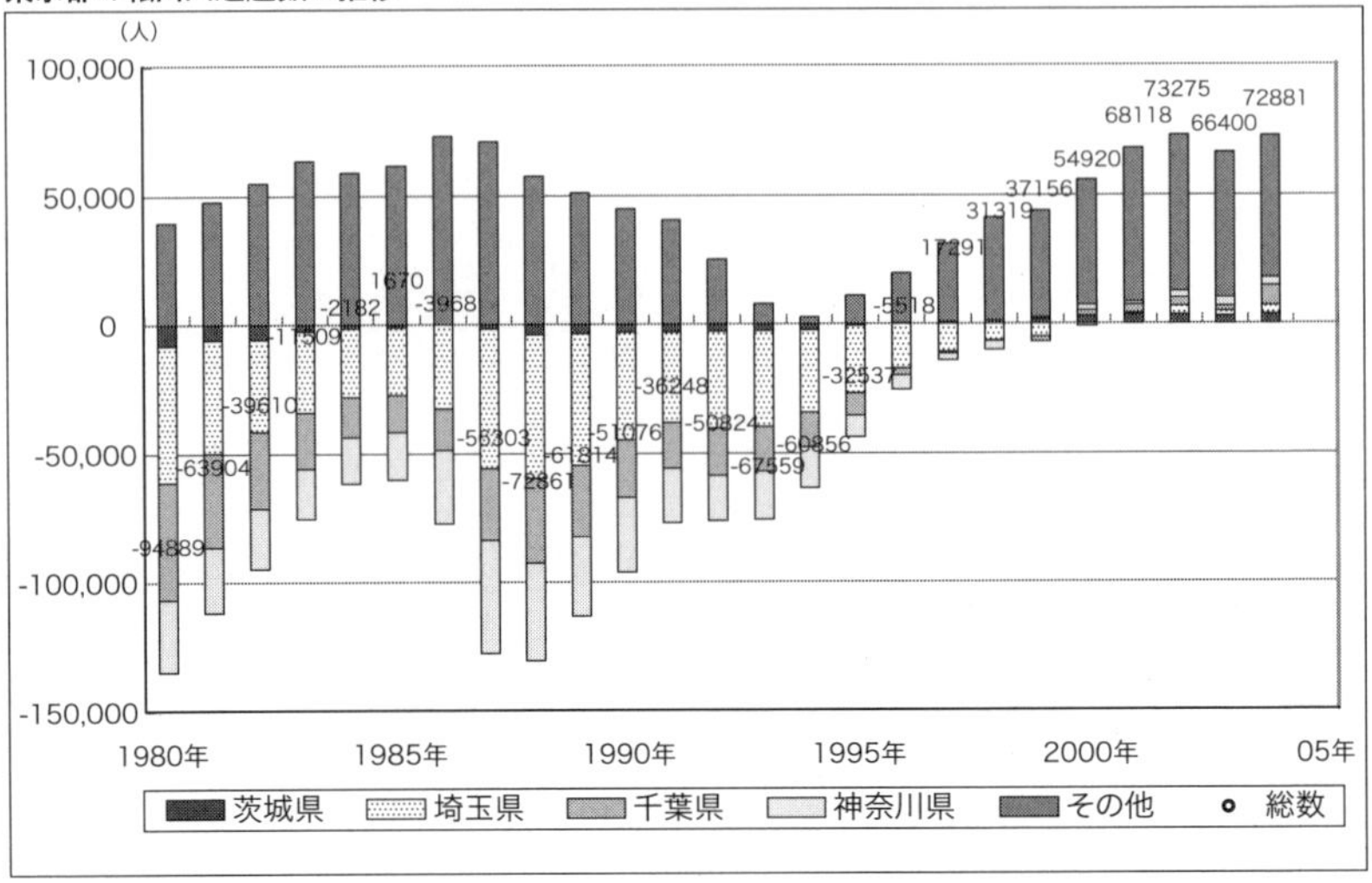

東京都　転入超過数（-は転出超過）

資料：住民基本台帳人口移動報告

東京都の人口のコーホート変化率

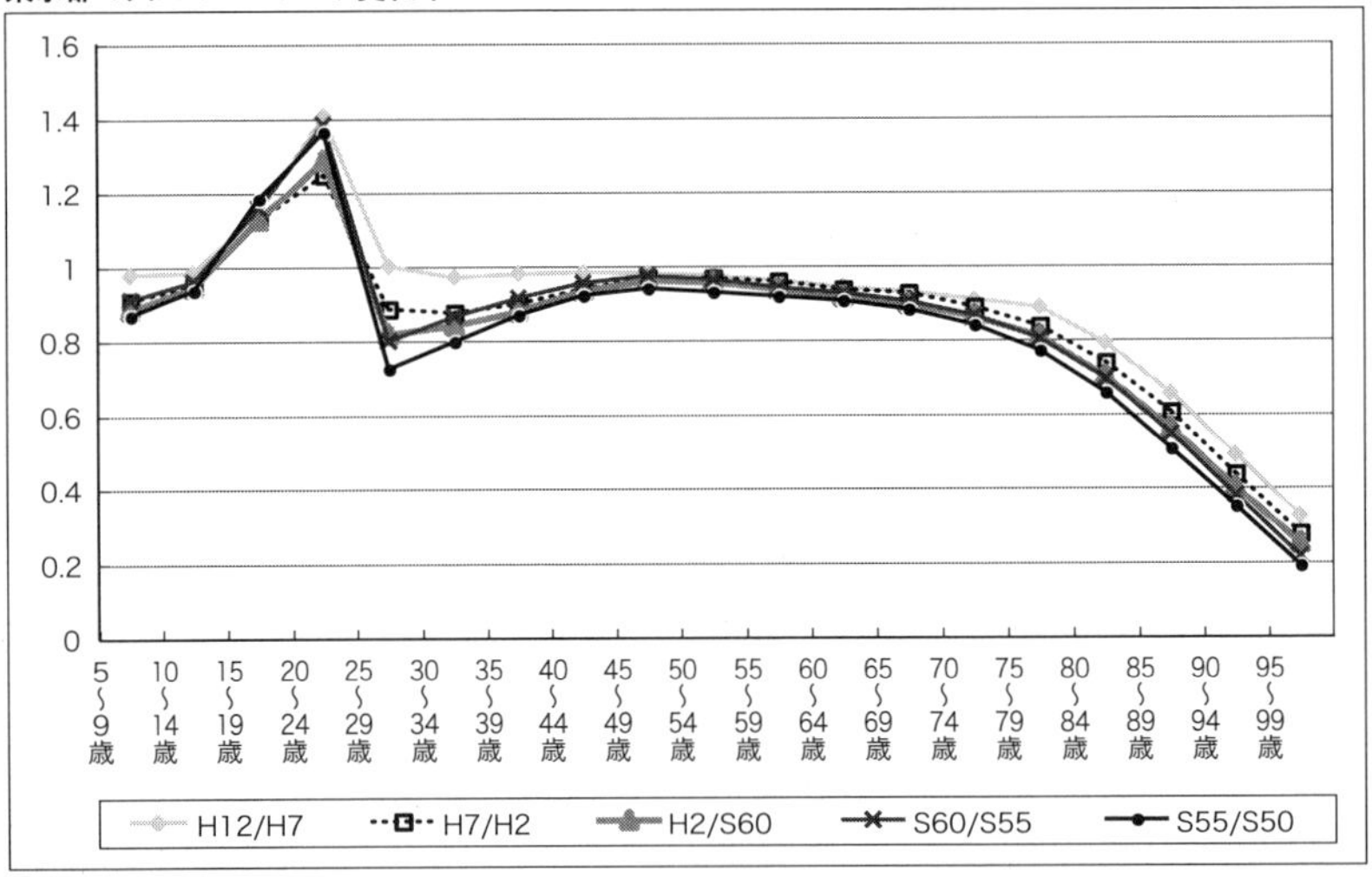

東京都区部　総数

資料：国勢調査

図表1-9-2　東京から周辺県への転出超過はストップ

同床異夢のコンパクトシティ

東京のある民間デベロッパーは、「職住近接の超高層コンパクトシティ」として、職・住・遊・学・医・憩を複合させた都市の創出に取り組んでいる。これはむしろ、サーティーが提案したオリジナルに近い概念だ。現実の東京も、前述のデータとともに、各地での再開発の進展、超高層マンションラッシュなどをみると、縦方向へのコンパクトシティ化が着々と進みつつあるようにみえる。

一方で、正反対の都市像を唱える声があることも事実である。社会資本整備審議会の小委員会でのある報告(注1)では、郊外を再編して外延部での田園化を推進し、拠点集中を図るべきだとしながらも、都心部での過度の公開空地創出や容積率の限度一杯の活用(さらにはその引き上げなど)は都市再生の妨げになるものとして否定している。同報告では、容積率拡大ではなく、建ぺい率拡大による連続性のある面的なまちづくりが提唱されている。

いずれも人口減少社会における都市のコンパクト化を今後の方向性として捉えながらも、目指す街の姿がまったく異なるものになっている。どちらが正しかったのか判断するには、数十年の時を待つ必要があるだろう。しかし、今後のまちづくりの方向性を共有できない限り、かつて「日本列島改造論」のもと無秩序で没個性的な都市化が進んでしまった二の舞を演じることになりはしまいか。

多様な価値観に支えられたコンパクトシティを

コンパクトシティとは、物理的・地理的に小さな範囲の中に、様々な都市機能をつめこんで、窮屈に住む都市ではない。むしろ、社会資本の有効活用、コミュニティの維持・発展、経済的発展、環境への配慮が公共交通と徒歩圏で充足できる都市という「概念」としての捉え方に徹する方が現実的だ。しかも、物理的な都市のハードウェアだけでなく、人々の生き方、ライフスタイルまでも包含された概念とみるべきだろう。

都市機能の集積という一面だけを捉えて集中を図れば、結局はかつての東京一極集中と同じ問題を招くことになろう。そうではなく、情報化や国際化の進展とともに、多様な価値観・生活観に支えられた豊かな生活が選択可能になること、そのためのインフラや都市機能が、東京だけでなく地方部でも様々な形で「コンパクト」に提供されていることこそ、目指すべき姿ではないか。

（注1）社会資本整備審議会都市計画・歴史的風土分科会都市計画部会第3回中心市街地再生小委員会及び建築分科会第3回市街地の再編に対応した建築物整備部会合同会議における政策投資銀行藻谷参事官による報告（2005年10月3日）

第2章 事業を再生する

発想を換え枠組みを変える

官民連携による公共サービスの再生

～指定管理者制度に着目して

指定管理者制度の基本理念と展望

公共サービスの民営化、より正確には官民パートナーシップ型事業手法導入の波が着実に広がっている。市場に定着しつつあるＰＦＩ手法に加え、２００３年９月の自治法改正により創設された「指定管理者制度」がその推進役となっている。

指定管理者制度は、既存の公共施設の管理運営の主体を民間にも広げ、一定期間任せようという制度である。ハード事業中心だった民営化ビジネスをソフト事業にまで拡大、様々な業種が公共サービス市場に参入することを可能にした。現在、公共施設の管理運営は10兆円程度の市場と推計される。この2割が指定管理者に置き換われば2兆円の市場になる。

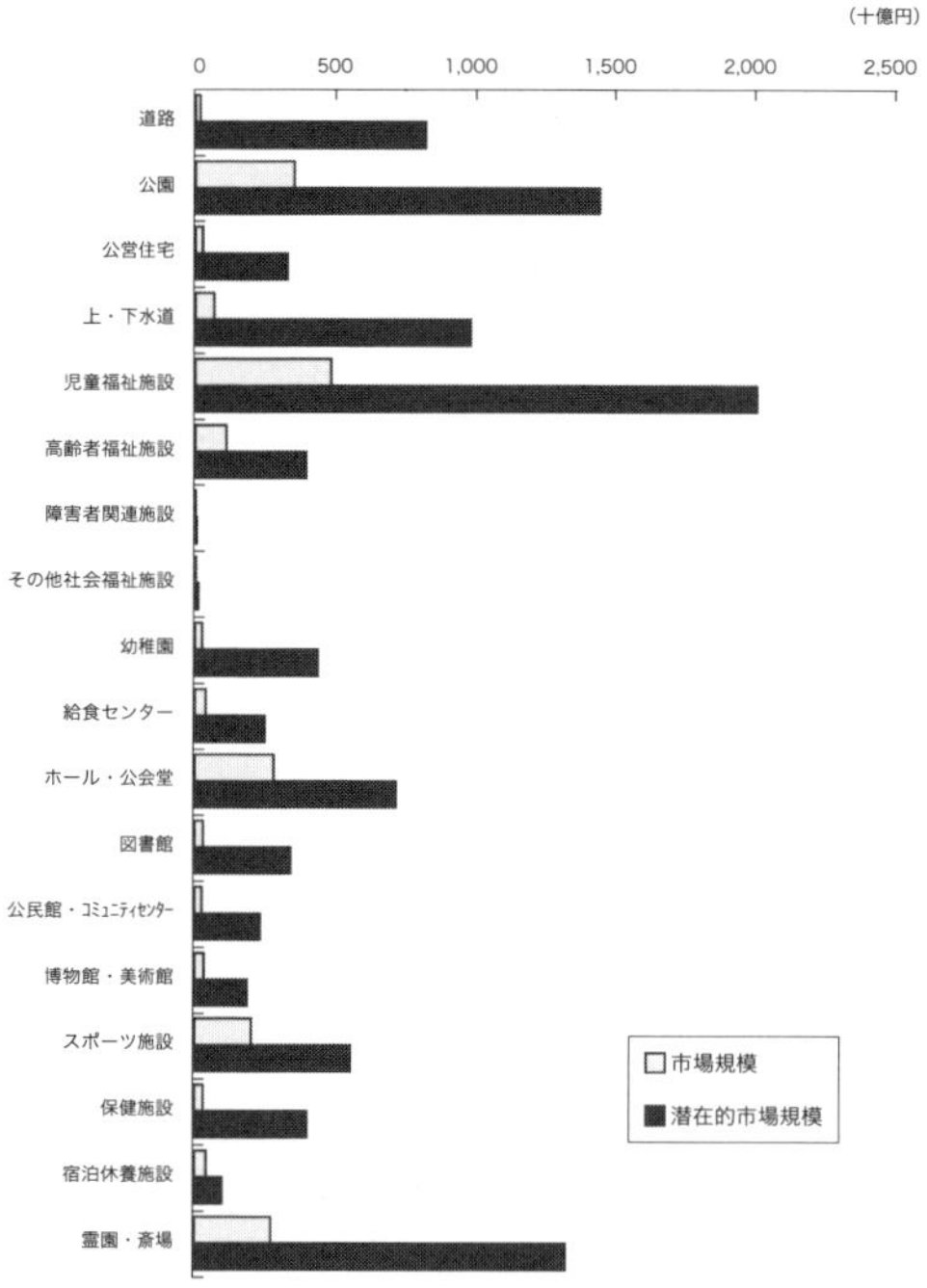

指定管理者制度の市場規模（パブリックビジネス研究会〔三菱総研主催〕調べ）

しかし、単純にすべての公共施設の管理運営が民間に移ればよいという話ではない。指定管理者が委託管理者と同じようなサービスしか提供できなければ、この制度は単なるコスト削減のためのツールにしかならない。委託管理者から仕事を請け負っていたビル管理会社などが指定管理者制度に積極的に取り組んでいるが、既存業務の置き換えにとどまるのではなく、付加価値サービスを提供することで、サービスの質の向上や、より積極的な意味での効率化が図られることが本制度導入の本当の趣旨となろう。

三菱総合研究所では、本制度導入により、「行政」、「住民」、「民間事業者」の三者がウィン・ウィンとなる「トリプル・ウィン」の実現が、指定管理者制度のあるべき姿と考えている。

民間参入によるメリット

横浜市は、新設の地区センターである白幡地区センターの指定管理者としてアクティオ株式会社を選定した。同社は、美術館、ホール、記念館など、集客施設の観客サービス（受付業務、展示案内）に強みを持っており、これまでの経験・ノウハウを集約することで、指定管理者のマーケットに取り組んでいる。同社が指定管理者になってからの白幡地区センターは、職員の「おはようございます」のあいさつに始まり、活気にあふれた感じの良いサービスが提供されるようになったと、市民からの

白幡地区センターでの講座「凧をあげよう」

民間ならではの発想での講座が新しい客層を呼び込む

評価は総じて高い。

山梨県は、合計で毎年3億円程度の赤字となる丘の公園、ゴルフ場、温泉利用施設を抱えていた。指定管理者制度導入に当たり、県は借地料、保険料、県企業局負担分の修繕費、指定管理業務に関する職員経費としての納入金、さらに従来、運営を任されてきた公共セクター職員の雇用について提案を求めた。指定管理者となった株式会社清里丘の公園(注1)は、毎年度1億5000万円の納入金を収めるほか、正社員24名のうち15名を従来運営を行なってきた公共セクターからひきつぎ運営を継続している。

このように、民間企業が指定管理者になることで、サービス水準の向上、事業性の向上、従来、運営を任されてきた公共セクター職員雇用の問題を解決しうる事例が見られ、これらが民間参入による行政側のメリットと考えられよう。

他方で、民間のメリットは、従来の業務委託よりも自由度が高く、サービスの向上を図ることができれば、収益に結びつきやすい点にある。これは、この市場への参入を積極的に考えている事業者の姿からも類推される。例えば、フィットネスクラブやホテル業務の受託会社などは既存業務の延長線上で事業拡大を図ることが可能な点に魅力を感じている。展示会社などは商業と集客施設との複合化を通じた収益の拡大を期待している。地域の有力企業である電力・ガス会社なども新規事業としての参入を検討している。

白幡地区センターでのビール講座

参入する民間企業からみた場合、ＰＦＩに比べ規模が小さい案件が多いことから、複数の施設をバンドリング（パッケージ化）しなければ応募意欲がわかないケースもあるだろう。制度をうまく活用し、より効果的で効率的な施設サービス提供を推進するためにも、指定管理者を選定する地方自治体側も、バンドリングのあり方を検討する必要がある。

民間に求められる能力とは何か…「サービスの質」「管理能力の本質」

しかし、本制度の活用が、結果として公共施設に人を集め、収益を上げることだけを目的とするようになるのでは本末転倒である。民間企業は、本制度が持つ一定の限界～公の施設の管理運営～を常に意識しなければならない。公の施設の設置目的をふまえた公共サービスの提供が第一義的に重要で、収益向上はその次なのである。自治体側も、公共施設とは何のためにあるのかを改めて明確にする産みの苦しみを味わっているはずだ。指定管理者制度は公共サービスをより良いものにするための手段にすぎず、その枠の中で、民間ならではのサービスの質を向上させるためのノウハウが求められる。

こうした観点から、本制度への参入を予定している民間企業は、これまで公の施設の管理を受託していた外郭団体をいたずらに敵視するのではなく、彼らとの建設的なアライアンスの構築も視野に入れるべきであろう。すべての公共施設の管理運営に民間企業の優位性があるわけではない。外郭団体にしか管理できない施設もある。外郭団体もまた、リストラの恐怖におびえながら、生き残り策を模索している。同じ土俵で競争する団体同士として、時には民・民、時には官・民の連携を通じ、積極的に本制度の活用を検討する必要がある。

経営リスクをどうみるべきか
―はじまったばかりの市場―

当社が民間企業と指定管理者制度のあり方について議論をしているとさまざまな課題に気付かされる。例えば、指定管理者の選定理由が不明確なものや、民間のノウハウを正当に理解し、評価できているのか疑問が残る案件も多く、応募すべきかどうか迷うという声を聞く。そもそも、指定管理者制度の趣旨を十分に理解していないと思われる自治体職員も少なからず存在するとの声も聞く。営繕に係る費用の負担区分の不明確さや、想定外の無料入場者の利用増による収入減とコスト増、指定管理者になってから明らかになる事業リスクの存在も指摘される。

これは、指定管理者制度がＰＦＩと異なり国によるガイドラインの提示がないため、事業者募集・選定手続き・協定書締結に際し、各地方自治体が手探りで行っていることも大きな要因となっている。現状では、事前に公開されている情報に限界があり、既設施設の場合であれば、従来、運営を任されてきた公共セクターにとって経験がある分有利な状況にある。そのため、新規業者がそう簡単に受注できるわけではない、との認識が一般的だ。しかし、将来の市場拡大に向けて、施設の設置趣旨を押えつつ、従来、運営を任されてきた公共セクターにはない民間企業ならではのアプローチや、自治体側の需要に柔軟に応えるためにコンソーシアムを組むなど、戦略的な対応を取ろうとしている民間企業も、また少なからず存在するのである。指定管理者制度を取り巻くビジネスは、まだまだ始まったばかりだ。

―最大のリスクは協定―

行政と指定管理者の関係や役割分担を第一義的に規定するのは協定書である。指定行為自体は行政処分の一種とされるが、協定書は契約書と同等の法的性格を有している。それだけ重要なものであるにも関わらず、協定書は一般に民間対民間のベースで締結する契約に比べて、その規定範囲や内容について不十分と感じられることが多く、これが大きな経営リスクとなる可能性がある。

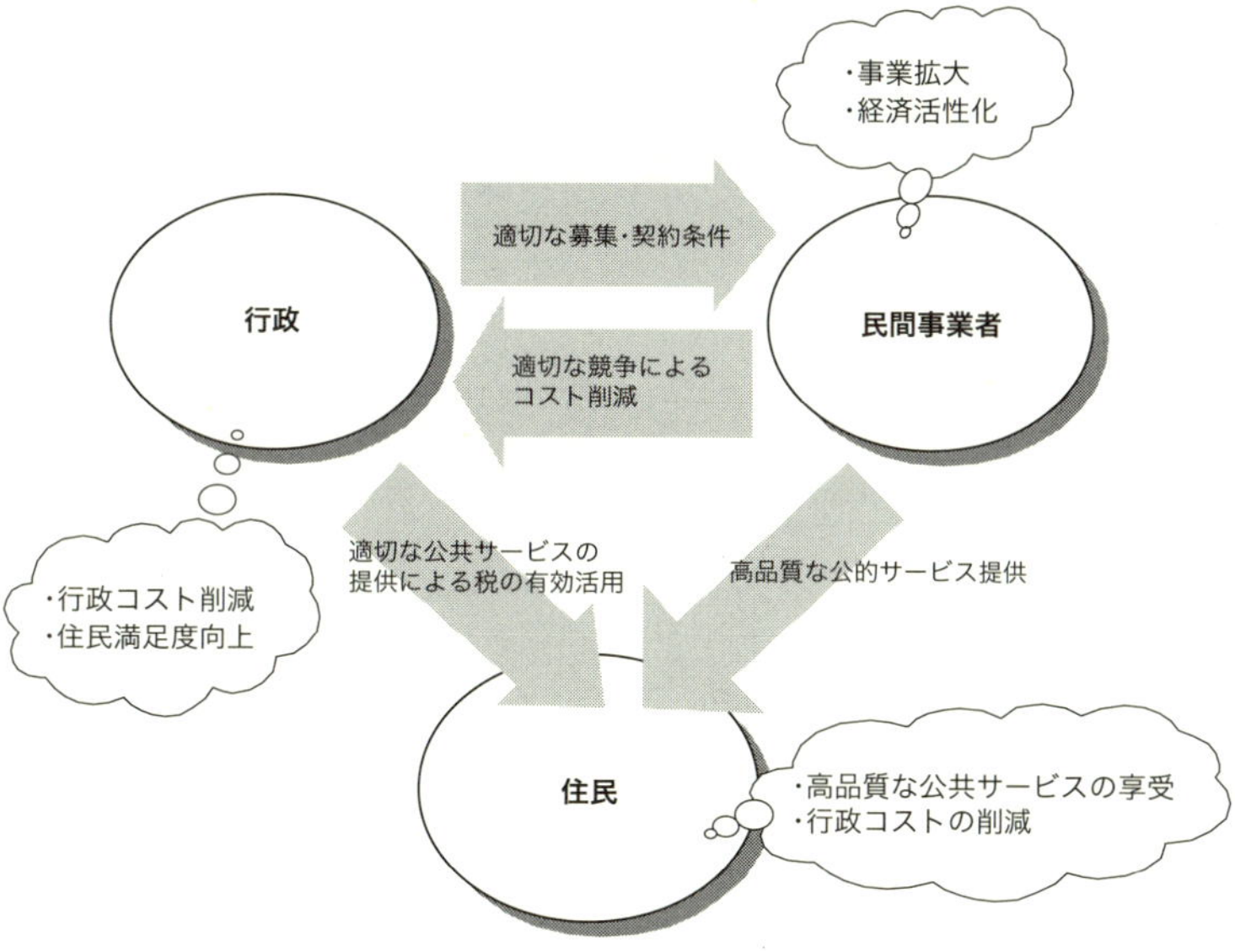

トリプル・ウィンの関係

ここでは、協定書に求める基本的な要件として以下の2点を示す。これらは協定書として成立させるために当然の内容であるが、実際は必ずしもこれらの要件が満たされているわけではない。これらの用件を満たすよう、民間は行政に協定書の事前提示や、公募の際の質疑応答や必要に応じた協定書案の修正を求め、円滑な協定書締結を実現することが求められるだろう。

協定のポイント1　◇必要な事項が漏れなく規定されていること

これまでの指定管理者制度の多くの協定書では、規定内容が曖昧で具体的に示されていないケースが多く、規定内容の解釈について、行政と指定管理者との間で紛争が生じる可能性がある。

原則的に指定管理者は、業務の基準や協定書に規定のない事項について、実施する法的義務は有していない。従って、仮に行政の責による規定漏れがあっても、指定管理者は無条件で行政側の主張を引き受けることはできない場合がある。

その意味で、修繕業務の責任範囲、備品の更新や購入などの取り扱い、賠償責任と保険加入の要否など必要な事項についてはあらかじめ網羅的かつ明確に規定することが重要である。

協定のポイント2　◇責任やリスク分担が適切であること

過大なリスクを指定管理者に転嫁することは、リスクコストを見込んだ委託料の支払いにつながるものであり、行政にとっても必ずしも望ましいことにはならない。

「リスクは、当該リスクを最もよく管理できるものが管理する」という基本的考え方に基づき、協定書の規定内容やリスク分担を適切に行なうことが重要である。

今後の動向

海外をみると公共サービスの民間開放が進展している欧州各国では包括的なサービスを供給する総合サービス・マネージメント会社が存在する。特に、PPPの先進国である英国においては、SERCO、JARVIS、WS ATKINS、ISS、AMEYなどマネージメント能力の高いサービス企業が多数存在する。

日本においても今後、こうしたサービス・マネジメント会社が登場することで、よりサービスの質の向上やコスト削減が期待されており、さらなる市場の拡大が期待される。

（注1）株式会社清里丘の公園＝セラヴィリゾート㈱（愛知県名古屋市）、㈲ウィン・ワールド（山梨県）、山梨交通（山梨県）が出資し、新たに設立した会社

「グループ力で指定管理者ビジネスに参入」

大阪ガス・オージースポーツ

1999年7月にPFI法が制定されたのを機に、公共サービスの民間開放が急速に進んだ。公共と民間がパートナーシップを組んで公共サービスを手がけるPPPという概念が広く受け入れられるようになったことにより、公共サービスを民間が担うパブリックビジネスという新しい市場が生まれた。2003年には地方自治法が改正され、公の施設の管理・運営を民間に委託することを認める指定管理者制度が導入され、公共サービス分野の民間開放はさらに広がりを見せた。パブリックビジネス市場は30兆円マーケットと言われるまで拡大しつつある。

パブリックビジネス市場、とりわけ指定管理者の分野では、地域に密着した地元企業やNPOに対する期待が大きい。なかでも地域が期待するのは電力会社やガス会社といった公益企業。企業規模も大きく、地域から離れることのない公益企業もこうした民営化ビジネスを新たな事業分野と位置付けている。関西地域でガス事業を手がける大阪ガスの取り組みを通じて、パブリックビジネス市場のこれからを展望する。

大阪ガスの設立は1905（明治38）年。当初はガス燈を主力事業にしていた。このガス燈が電灯に駆逐されるとガスかまど（厨房）、ガスかまどが電気炊飯器に取って代わられるとガス風呂（給湯）へ。そしてその次は発電と熱を両方生み出すコージェネレーションシステムへ。大阪ガスは常に新しいもの、新しいものへと事業の軸を移していった。「当社は公益企業の間では異端視されているんですよ」。同社近畿圏室の田中雅人課

大阪ガス近畿圏室　田中雅人氏

長は同社についてこう語る。

異端視されているという言葉通り、大阪ガスは事業の多角化に積極的だ。手堅いイメージがある公益企業ながら新規ビジネスの立ち上げを狙って、１００社以上のグループ企業を抱えている。こうしたグループ会社の役回りは「エネルギー需要の喚起」（田中課長）。温浴施設やスポーツ施設の運営を通じてエネルギー市場の拡大の図りつつ、企業として独り立ちさせるのが狙いだ。

その大阪ガスが指定管理者制度に着目したのは2年ほど前。田中課長の所属する近畿圏室が情報収集に走り回った。「ＰＦＩについて言えばエネルギー関連の案件以外はちょっとしんどい。地元企業としての期待もあるし、魅力も感じるので指定管理者を事業化しようと考えた」（田中課長）。もちろん、ＰＦＩやこれから本格的に始まる市場化テストについても関心は高い。「もうけられる行政があっても良いのではないか」。このスタンスが基本だ。

近畿圏室が収集した民営化ビジネスの情報は、グループ企業を対象にしたセミナーを開催し、各社に伝わるようにしている。情報を一元化し、各社の持つコンテンツを生かして指定管理者ビジネスにチャレンジするのが目的だ。グループの中でも指定管理者ビジネスに積極的に取り組んでいるのがオージースポーツ。直営フィットネスクラブ「コスパ」をコア事業に、スポーツ関連の公共施設など16施設の運営の一部を公共団体から受託している企業だ。

オージースポーツ事業推進2部受託運営チーム
平井保夫氏

「指定管理者制度が導入されると運営受託している施設の継続運営ができなくなる可能性がある。運営受託という既存ビジネスを通じていや応なく指定管理者制度の波に飲み込まれた」。オージースポーツ事業推進2部・受託運営チームの平井保夫マネージャーは指定管理者ビジネスに参入したきっかけを語る。当然、長期的な見通しもあった。厳しい財政状況下にある大阪府や大阪市では、大型公共施設の新規案件は期待できない。国にしても財政的な理由から、次から次へとハコモノを造ることはあり得ない。こうした認識があったからこそ「まずは継続」（平井マネージャー）という目標を立てたのだという。

オージースポーツの指定管理者第1号案件は「のびやか健康館」（堺市）。堺市と共同出資して設立した第三セクター「さかいウエルネス」が指定管理者として選定され、出資者という形で指定管理者ビジネスに参入した。2006年4月からは、大阪府の外郭団体とのコンソーシアムで「大阪府立真門スポーツセンター（なみはやドーム）」の指定管理者も務めることになる。

パブリックビジネスを中核事業に

同社が指定管理者ビジネスの対象としているのはスポーツ指導などのソフトがパッケージ化された案件。こうした案件に限定すると、指定管理者として手を挙げる物件は非常に限られているという。「大阪ガスから持ちかけられても、希望に合わない案件はお断りしている」（平井マネージャー）。多角化路線を維持しながらも収益性のない事業には厳しい態度で臨む方針に転換しつつある大阪ガスの現状からすれば当然の対応だと言えるのかもしれない。

「当社は指定管理者に応募する際、対象施設の経営状況を徹底的に調べます。多くの公共施設の運営を手がけているという実績もあり、企業としての信用力もありますからかなりの精度で経営情報を分析できます」（同）。こうして得られた情報をベースにオージースポーツは応札金額を決めるという。「経営情報をベースに決めた応札額は他社に比べ高くなるケースがほとんど。安かろう、悪かろうは避けるというのが当社のスタンスだが、市場全体で見ると安値受注が今後問題になることが予想されますね」。平井マネージャーは、指定管理者制度を根付かせるためにも公共施設の経営情報をきちんと開示する必要があると力説する。

その上で、仕様書に示された以外のサービスを提案した場合の評価をどうするかについて、行政側はしっかりと考える必要があると訴える。平井マネージャーは、高齢者の介護施設でスポーツ指導サービスを行った際に、高齢者が実はスポーツをしたいと思っていたのを実感したという。こうしたサービスについての評価軸が定まらないままでは、金額だけの競争になり、最終的には安かろう、悪かろうのマーケットが形成されてしまうのではないかと平井マネージャーは懸念する。

「例えば、スポーツ施設で身体障害者が使いやすいサービスを提供し、実際に障害者の方の利用が増えたとしても、障害者は無料や割引が原則なので収益には結びつかず、当初契約した委託料しか入ってこない。障害者にも使いやすい施設にし、実際に成果に結びついているということは、サービスの質的向上が図れたということ。この点は評価してもらいたい」。平井マネージャーが提案するのは、提案内容を加点方式で評価する仕組みの構築だ。

さらに、指定管理者への委託期間も一律に3～5年とするのではなく、提案者の意見にも耳を傾けるべきではないかと訴える。指定管理者に期間を設定する権限が与えられたなみはやドームでは、柔軟な提案が可能だったという。「期間設定によっては雇用の問題も発生する。経営安定化を図るためにも期間設定に際しては指定管理者側の意見を聞く必要があるはずだ」。

指定管理者制度は民間の優れた経営ノウハウを公共施設の管理・運営に取り入れることが目的で導入された制度。民間企業の経営手法を取り入れ効率化し、お役所仕事的ではない質の高いサービスを実現する。そうでなければ、公共サービスを民間に開放する意味が薄れてしまうはずだ。こうした制度導入の前提があるにもかかわらず、現状は「十把ひとからげの民営化。外郭団体の赤字を民間企業に押しつけている感がないでもない」と平井マネージャーは指摘し、民間に開放すべきものと公共が担うべきものとをきちんと区別するべきだと訴える。

田中課長、平井マネージャーともに、現状の指定管理者制度の問題点を認識しつつも、この市場を有望な市場だと認識している。「民間開放に後退はあり得ない。その意味では市場創出期にノウハウを蓄積できるメリットは大きい」（田中課長）という。大阪ガスはエネルギーを中核とする企業からマルチユーティリティービジネスへの転換を図っている。パブリックビジネスは、大阪ガスの新たなビジネスモデルを支える中核事業と言えるだろう。

■事例紹介■

官民連携による公共サービスの再生　～指定管理者制度に着目して

行政サービスのアウトソーシング

公共領域の拡大がアウトソーシングを生む

わが国全体が本格的な少子高齢・人口減少時代を迎える中で、児童福祉や高齢者福祉など拡大する市民ニーズに対して適切に対応できる地域社会の構築が求められている。また、社会経済環境の変化は著しく、市民ニーズは多様化・高度化が進んでいる。一方、バブル経済崩壊以降、国・地方を取り巻く財政状況は厳しく、地方交付税・補助金・税源移譲の三位一体改革により、これまでの歳入が保障されなくなり、今後の財政は不透明な状況にある。そのため、歳出のスリム化を徹底し、健全な財政運営を行う必要がある。

このように、社会全体の利益となり市民が共通して必要とする公共サービスの需要は増加し、公共性を有する公共領域は拡大しつつある。その一方で、少子高齢・人口減少、市民ニーズの高度化、財政状況の悪化が進み、行政が拡大する公共サービスの需要すべてに対応することは難しくなってきた。

今後を展望すると、行政だけではなく市民や事業者などの積極的な参画により、拡大する公共領域に対応することが求められる。一方、厳しい財政状況などを踏まえると、これからの行政については、行政の果たすべき領域を明確にし、コンパクトな行政（小さな政府）を目指すべきである。そのため、こ

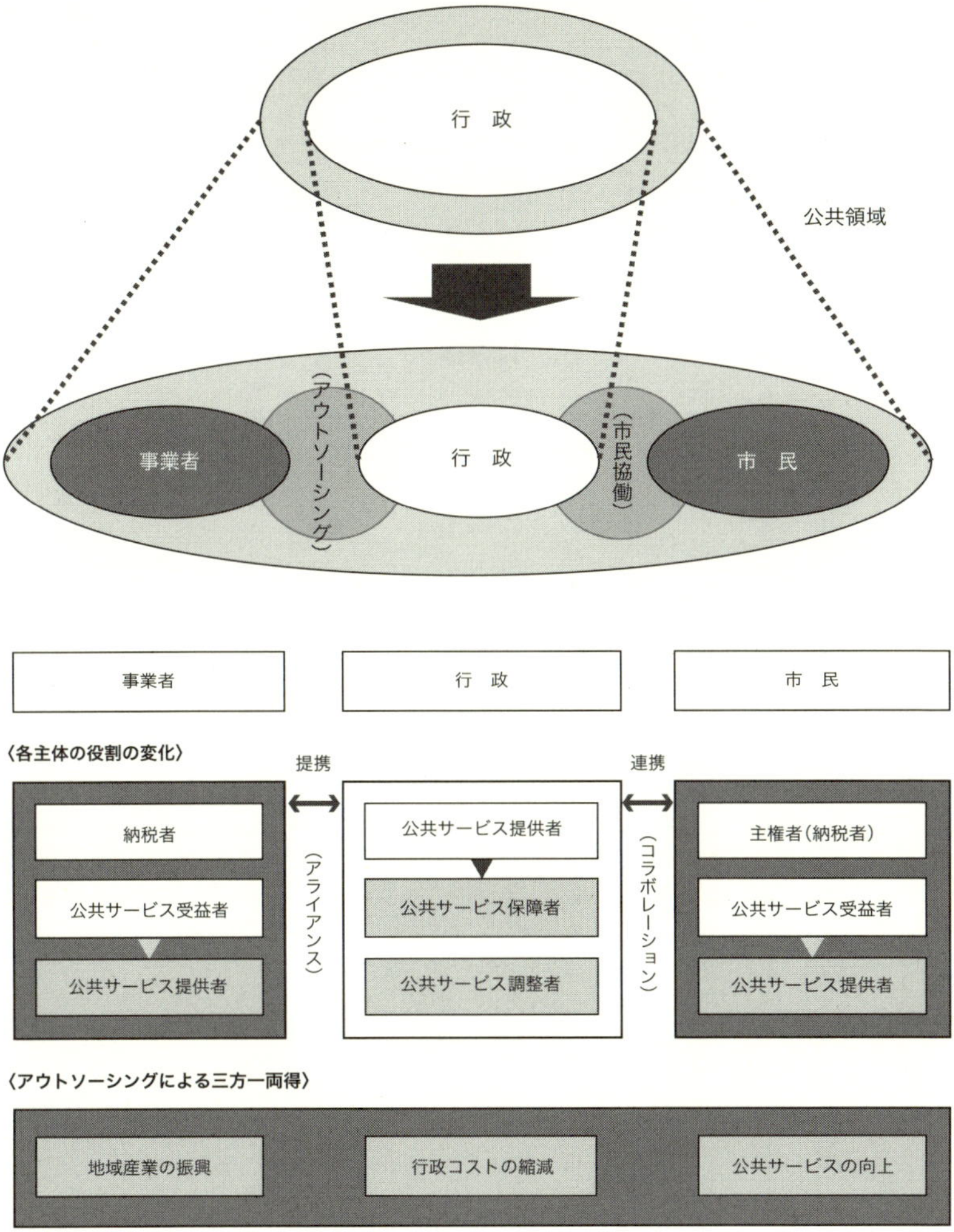

行 政
公共領域
事業者
（アウトソーシング）
行 政
（市民協働）
市 民
事業者
行 政
市 民
〈各主体の役割の変化〉
提携
連携
納税者
公共サービス受益者
公共サービス提供者
（アライアンス）
公共サービス提供者
公共サービス保障者
公共サービス調整者
（コラボレーション）
主権者（納税者）
公共サービス受益者
公共サービス提供者
〈アウトソーシングによる三方一両得〉
地域産業の振興
行政コストの縮減
公共サービスの向上

公共領域とアウトソーシング

れまで行政が行ってきた事務・事業については、「民間ができることは民間に委ねる」ことを原則として、市民協働とともに、民間の事業者への外部委託（アウトソーシング）を積極的に進めることが求められている。

アウトソーシングは三方一両得か

行政がこれまで直営で行ってきたサービスの中で、民間の事業者にアウトソーシングを行うことにより、①行政コストの削減 ②サービスの向上 ③地域産業の振興が図られることになる。定型業務、現業業務などではアウトソーシングにより、人件費が直営の半分程度まで下がると言われており、適正な競争が行われれば、三割程度の行政コストの削減は可能となる。また、競争のメカニズムが適正に機能すれば、サービスの向上も実現できる。そして、地域産業の振興の視点から眺めると、アウトソーシングが新たな民間に対する地域需要を創出することになる。また、行政職員の新規採用を絞ることにより、地域の中では行政に就職する優秀な人材が、付加価値の低い行政の定型業務から離れ、より付加価値の高い産業にシフトし、地域経済にはプラスに働くことになる。すなわち、適正な競争のもとで、行政サービスのアウトソーシングを行えば、行政とともに市民、事業者において、三方一両得が実現することになる。

アウトソーシングを加速させる最近の動き

ここにきて、行政サービスのアウトソーシングを加速させる動きが活発になってきている。もともと、公共サービスは、行政がサービス提供を保障・調整するだけではなく、自らもサービス提供を行ってきた。しかし、教育や医療などについては、早くから官と民が共存して、福祉についても2000年の介護保険導入を機に官は民の補完的役割を担うようになった。公共施設についても、これまでのPFIの導入により、整備から、その後の維持管理までを一括して民が担うようになった。また、指定管理者制度の導入により、公の施設の維持管理についても一括して民が担えるようになった。また、構造改革特区や地域再生のスキームを活用して、規制緩和や権限移譲を進め、行政にしかできない事務・事業も民ができるようになってきた。

そして、新たに市場化テストの導入が図られる。市場化テストとは、官の世界に競争原理を導入し、官における仕事の流れや公共サービスの提供のあり方を変えるもので、具体的には、官と民が対等な立場で競争入札に参加し、価格・質の両面で最も優れたものが、そのサービスの提供を担う制度である。市場化テストが導入されれば、規制緩和とアウトソーシングがセットとなり、一括して民が担う場面がさらに増えるものと予想される。これまでは、各種の法制度により、アウトソーシングが規制されてきたが、規制緩和が進む中で、原則、「民間ができるものは民間に委ねる」動きは加速されるものと考えられる。

数兆円規模の新規市場

主として対人サービスを行っている地方公共団体の事務・事業（普通会計部分）を内部管理と事業実施に分けるとアウトソーシングの可能性がある事業実施に関わる職員が全体の約4割と試算される。全国の地方公共団体の人件費（普通会計部分）は約25兆円で、その4割、10兆円は、アウトソーシングの潜在的な新規市場規模となる。これからの10年間で全職員の4分の1が定年退職を迎えることから、新規採用を退職者の半分に絞れば、約3兆円の市場が顕在化することになる。この中には教員などアウトソーシングになじみにくい部門がふくまれるが、逆に公営企業会計部分や国の外局部分などを含めると、数兆円規模の新規市場にはなるものと想定される。

アウトソーシングの四つタイプ

行政が行う事務・業務のうち、アウトソーシングが想定されるタイプとして、①行政システム ②マンパワー ③機能代行 ④施設管理の四つが挙げられる。

ITを活用した「行政システム」の構築は、以前からアウトソーシングが進められてきた領域にある。当初は、紙媒体を電子化する電子申請や部内決済、情報共有などで電子化に伴いそのシステムの構築・維持管理において、アウトソーシングが行われたが、近年では、バックオフィスにおける内部管理の効率化を図るため、大阪府などで見られるように、庁内の庶務事務を一元化する総合事務センターの構築・維持管理を民間が担ったり、フロントオフィスとしては、札幌市などで導入されているように、電話による市民からの問い合わせに一括して対応するコールセンターの整備・維持管理などの動きも見られる。業務分析を行い、業務の流れを効率化するプロセスにおいて、アウトソーシングの需要が生まれる。

窓口業務や伝票処理などの定型業務と電算処理や広報活動などの専門業務は、外部の人材を「マンパワー」として活用することになる。このうち、定型業務については、職員より外部の人材の方が低コストとなる場合が多く、既にアウトソーシングが進んでいる。定型業務の業務受託や人材派遣では、人件費の単価競争となるため、業務プロセスの変更を含めた提案が重要となる。逆に電算処理や広報活動など専門性が高い部門では、必ずしも価格競争にはならないものの、競争環境にあることには違いがない。この分野は、業務プロセスの改善余地は高く、積極的なシステム提案が望まれる。

行政の行う事務・事業の中で、特定の業務については、民間企業の既存の経営資源を活用して、行政の一部機能を肩代わりする「機能代行」が想定できる。例えば、債権回収業（サービサー）は税や社会保障費の徴税収入事務などの代行が考えられる。このほか、クレジット会社の与信機能の活用やコンビニエンスストアの窓口機能での代替なども想定される。それぞれが得意とする業務を担い、民民と同様に、官民でもアライアンスを組むことになる。

行政側のコスト意識が高まる中で、「施設管理」に関するアウトソーシングは拡大傾向にある。従来からの整備・維持管理業務に加え、ＰＦＩや指定管理者制度の導入により、一括での業務受託が可能とな

団体名	取り組名	取り組概要
北海道	内部管理的業務の再構築	内部管理的部門のコスト縮減と道民サービス部門への資源集中を目的とした「総務業務再構築戦略」を策定し、取り組に着手。
富山県	環境関連業務のNPO法人への委託	専門性の高い産業廃棄物の発生抑制や循環利用などに関する技術相談、アドバイザーの派遣、普及啓発などの業務を、環境関連のNPO法人に委託して実施。
山梨県	指定管理者制度の導入に伴う県出資法人の廃止	指定管理者制度の導入により、公園の管理運営について、利用料金制を導入するとともに民間事業者の指定管理者への委託に切替。それに伴い、それまで管理運営を委託してきた公社を解散。
岐阜県	情報関連業務の包括委託	平成12年度に「情報関連業務戦略的アウトソーシング事業」契約を締結（平成13~19年度までの7年間）。情報関連業務についてアウトソーサーを一本化することにより、コストを削減しながら合理化・高度化を図る。また、アウトソーサーの専門知識、経営ノウハウなどを活用することにより、県内情報関連産業の振興を図る。
三重県	消費生活情報提供サービス業務の委託	消費者相談件数の増加に伴い、音声自動応答装置により土日・夜間にも対応する「消費生活情報提供サービス」を民間委託により実施。
大阪府	ESCO事業の推進	民間の資金・ノウハウを活用し、既存庁舎などの省エネルギー化改修を行い、省エネ化による光熱水費の削減分で改修工事にかかる経費を償還し、残余を府と事業者の利益とするESCO事業を推進。
大阪府	総務サービスセンターの運営	総務事務（人事・給与·福利厚生、財務会計、物品調達）の全面的な改革・IT化により、事務の効率化と組織体質の改革を目指す。
広島県	現業業務の抜本見直し	現業部門17業務について、民間委託や業務廃止などの抜本的な見直しを実施。
札幌市	市政の総合案内コールセンターの運営	コールセンターを2003年から全市域を対象としてサービスを開始。市民からの問い合わせ窓口を一本化し、様々な制度や手続き、イベント情報、施設案内などに関する質問（電話、FAX、E-mail）に、データベース化されたQ&Aに基づき回答するという形態。年中無休で、午前8時から午後9時まで対応。市は、コールセンターでの電話対応、電話回線、交換機、ブース設備の一切を民間企業に委託。
横浜市	市政問合せセンター（コールセンター）の開設	市民からのどのような質問・要望にも対応するものとし、寄せられた要望などはデータベース化し、施策に反映できるように、職員間で共有化し、業務改善などに利用。サービスは、年中無休で電話（午前8時から午後9時まで）、FAX、電子メール（24時間受付）の手段で対応。業務は民間企業に委託。
京都市	バス事業における「管理の受委託」	市が路線、運賃などの決定に責任を負いつつ、運営を民間バス事業者に委託することにより低コストでの運営を可能とする、バス事業における「管理の受委託」を推進。

アウトソーシング事例

資料：総務省「地方行政改革事例集」より

り、対象施設も増えつつある。市場化テストの導入により、組織（施設）単位のアウトソーシングがさらに増えるものと想定され、単なる施設管理にとどまらず、その施設で提供するサービスを含めた包括的なアウトソーシングが行われることになる。

アウトソーシング拡大のための条件

アウトソーシングを拡大し、行政コストの圧縮を図ると同時に、民間事業者もビジネスチャンスを有効に活用するためには、民と官の双方において留意すべきことがある。

行政においては、行政関与の基準を設け、全事務・事業の総点検を行い、行政が本来行うべき中核業務（コアコンピタンス）と、民間に委ねることにより効果があがる周辺業務とに仕分けを行う。周辺業務については、構造改革特区や市場化テストの適用により規制緩和を図る中で、アウトソーシングを大胆に行う。また、民間の能力を最大限に引き出すためには、事務・事業を小分けせず、ある程度まとまった単位で一括してアウトソーシングを行うことが有効となるだろう。

一方、行政サービスは多岐にわたることから、いずれの業種でも自社の経営資源をアウトソーシングに活用できる可能性がある。このため民間の事業者は、経営資源のマーケティングが重要となる。また、人件費単価の抑制競争に陥らないためには、前述のとおり、業務プロセスの改変などのシステム提案を行うことが重要になる。

北九州市に見る地方行革と地域コミュニティの再生

高齢化の進展と人口減少に直面するわが国において、地域社会をどのように維持していくべきか。本書の多くで明らかにされているように、民間活力の有効活用によって公共サービスの質的向上を図ることができる分野も多い。だがそれだけで地域社会そのものを維持していくことができるのかといえば、やはり否といわざるを得ない。介護保険の導入によって高齢者への福祉サービスが民間事業者を活用するようになった一方で、公共団体の活動分野は単に保険の運営と事業者の管理に限られるようになったかといえば、そう単純な状況ではない。これからのあるべき地域コミュニティを展望するためには、今一度地方自治体の先進的かつ地道な取り組みから示唆を得るべきではないだろうか。これを踏まえてこそ、新たな公共サービスの提供に向けた官と民とのパートナーシップのあり方を明らかにすることが可能になるはずである。

本論では、その先進的かつ地道な取り組みを行っている例を、北九州市の取り組みに求め、ある区役所における健康づくりの取り組みを通じて、行政施策を通じたコミュニティの維持発展のあり方を紹介したい。官と民とのパートナーシップのあり方を説く本書において行政主導の取り組みは趣を異にしているかもしれないが、これを踏まえればまさに現場に即した視点で、官と民との役割分担のあり方を展望することができるはずである。

※本稿は2004年5月に筆者が実施した北九州市保健福祉局および現場の区役所へのヒアリングに基づいており、現時点の取り組み・体制とは異なっている。

区役所に見る健康づくりの取り組み

ここで紹介するのは北九州市の区役所における生活支援課の取り組みである。北九州市では、全庁的に保健所を廃止し「保健福祉センター」を配置したことを受けて、小学校区を単位とした地域づくりの取り組みを推進している。これらの取り組みを、本庁と区役所の連携、そして区役所レベルの具体的取り組みの両面から紹介したい。

まず、本庁と区役所の連携であるが、本庁レベルの制度変更は1994年の地域保健法制定にさかのぼる。それまで地域の健康と衛生環境を守る拠点として保健所が位置づけられ、その担い手として保健師が必ず配置されていた。しかし、地域保健法の制定はこうした位置づけの変更を迫るものとなった。つまり保健所の統合が可能になったために、保健師を保健所に配置する必要性が薄れてしまったのだ。さらに市民の健康づくりを推進する体制として「保健」と「福祉」が分離していることに伴う弊害が指摘され、健康づくり・地域づくりに向けた両者の統合の必要が迫られるようになった。こうした状況の中、数回にわたる制度変更の末、概ね小学校区単位に「市民福祉センター」を配置することとなり、概ね二つの小学校区に1人の保健師を配置することとなった。こうした流れは、結果的に保健師の職を守ることにつながったが、そのあり方は以前とは大きく異なっている。

まず、「保健」と「福祉」の統合を通じて、保健師は自らの存在意義の再確認を迫られることとなり、これまでのように法に基づいた業務分担に応じて、法令順守を原則に業務を行っていた状態から、地域の課題に応じ、いわば顧客志向で課題を設定し、その対応を主体的に行なうこととなった。すなわち法に基づいているとはいいながら、健康にまつわる多様な課題にどこまで対応すべきか明らかではなかった状況から、地域全体を視野に入れることによって、自らミッションの再定義を行い、これに応じて業務の再編成を主体的に行っていったのである。

具体的には、図に示したとおり健康づくりに関連する地域活動のメニューを用意し、小学校区の実情に応じて、実施するメニューと実施頻度を決定し、担当の保健師、ケースワーカー（CW）が一体となって地域づくり活動を行なった。これまでは、「保健師は保健師の仕事」「ケースワーカーはケースワーカーの仕事」と縦割りに業務が行うことが原則で、必要に応じて連携を取るだけであった。かつては保健師が保健所に常駐し、福祉などの他部門は区役所に配属されていたために、相互の意思疎通が難しい面もあったようである。しかし現在では「地域づくり活動」を軸に、二者が連携を取り合うことが原則という形に業務が転換している。しかも今では区役所の同じフロアに保健関係と福祉関係の職員が同居しているため、保健師が保健と福祉の両方の視点を持って市民に接することができるようになり、相互の連携が容易というより連携することが当たり前の環境となった。

一般に、健康を害する人は健康状態のみならず家庭の問題や経済的問題などを抱えるケースが多いという。こうした問題は単に健康状態のフォローだけでは解決し得ない。

健康を通じて見えてくる市民の多種多様な問題に対応するためには、こうした組織的連携は欠かせないと思われる。

小学校区名		A小学校区		B小学校区		C小学校区	
市民福祉センター名（又は公民館名）		A市民福祉センター		B市民福祉センター		C市民福祉センター	
その他の事業実施会場		集会所：A		集会所：B		集会所：C	
世帯数							
人口							
高齢者数（　%）							
5歳未満人口数（　%）							
担当保健師							
主担当							
担当看護職員							
保健師の出務する保健福祉施策導入状況 ★既存導入 ●2002年導入 ○2003年導入 ◎2004年新規導入 自主化した事業については☆印を記入	成人・高齢者対象（事業数）	6	出務頻度	4	出務頻度	2	出務頻度
	ふれあい昼食交流会	★町・民・ボ	年4回	●町・民・ボ	月1		
	なんでも相談（成人・高齢者）			★	月1	★	月1
	虚弱高齢者の集い						
	リハビリ教室						
	痴呆予防教室						
	健康づくり			●町・民・ボ	隔時	★	月1
	生きがいデイサービス			○			
	転倒予防教室	★	月1				
	その他の事業						
	母子対象（事業数）		出務頻度		出務頻度		出務頻度
	なんでも相談（母子）	★	月1	★	月1	★	月1
	子育てサークル支援	☆　A	年4回	★　ボ	月1	★　ボ	月1
	子育て広場						
	子育てネットワーク						
	フリースペース	★	月1			★主・医・保・幼・セ・児・リ	年3
	その他の事業						
	母子対象（事業数）	2	出務頻度	2	出務頻度	2	出務頻度
	ふれあいネットワーク連絡調整会議	★	2ヶ月に1	★	2ヶ月に1	★	依頼時
	民生委員・児童委員協議会会議	★	月1	★	月1	★	月1

ある区役所における地域づくりの取り組み（平成16年当時）

※町：まちづくり協議会　自：自治会　老：老人会　婦：婦人会　民：民生委員　主：主任児童委員
食：食進会　医：医師　小：小学校　ボ：ボランティア　保：保育所　幼：幼稚園　公：公民館
セ：市民福祉センター　ヘ：ヘルパー　児：児童館　学：学童保育　リ：リーダー　社：社会福祉協議会

しかし全国的にみて、ここまで徹底して専門領域の異なる職員が一体的に活動している例は、まだまだ少ないのではないだろうか。自治体によっては、各職員の専門性が高いゆえに、お互いの専門領域に踏み込んだり、踏み込まれたりという関係を好まないという傾向があるという話も聞く。しかし北九州市では、「地域密着」「顧客志向」というミッションを徹底し、見事に専門性の壁を乗り越えている。この実現には市長をはじめとするトップ層の地域づくりへの強い思いと、縦割りを超えなければ自らの専門性を発揮できない、生き残るすべはないという思いのもとで部下を引っ張った、当時北九州市で唯一の保健師資格をもつ課長の存在が大きかったということができる。

取り組みの成果

この、小学校区（市民福祉センター）を単位とした地域づくり活動であるが、これは単にきめ細かい単位でサービス提供をしているという以上の意味がある。一つは、市民のニーズを掘り起こしが関係者間の協力につながり、よりサービスが向上するという点である。例えば、身近な活動を継続し、市民の健康に関するニーズを把握するうちに、地元の医師会が協力を申し出て市民福祉センターに「顧問医」を配置するようになったという。これによって市民の安心感が増すばかりでなく、地域活動に欠かせない主体として保健師の信頼度が高まるという効果があった。もう一つの重要な側面として、こうしたニーズの掘り起こしや関係機関との連携は、決して保健師の思い込みではなく、区役所の事務系職員・上司も巻き込んだ報告・相談体制から生まれている点を指摘できる。つまり、保健師と事務系職員によるPlan Do Check Actionのサイクルが実現しており、区役所内のみならず本庁の政策との整合や連携強化にもつながっているということだ。現在、全国的に、介護保険会計の収支不均衡が懸念され、支払いを抑えるために介護予防の重要性が指摘されている。しかしこの区役所においては、既に保健師が自発的に介護予防の取り組みを始めており、生活習慣病の予防から認知症予防、生活機能低下予防まで、健康相談や食事改善指導などの実践的で地道な活動を展開している。保健師が自らの活動を見直す中で、区役所と保健師に課せられたミッションが明確化し、さらに事務系職員や本庁との政策的整合を図る中で、全庁的に認知され支持された地域活動が行なわれるようになったのである。

一般に、人手のかかる地域活動を市職員自らが行なうことは、人件費からみて割高感があり、委託業務に移行することが多いと思われるが、ここでは健康づくりなどの地域活動に介護予防が組み込むことによって、介護保険会計の健全化という本庁に課せられたミッションとも整合し、市職員である保健師自らの活動を人員削減の脅威を感じずに堂々と活動を展開することができるようになったのである。業務量が多い中できめ細かい活動を実践し、かつ市民の要望に応えていくことは容易なことではないと推察されるが、自らは市民と市の行政に欠かせない活動を行なっているのだという前向きな気持ちと、その活動が行政の枠を超えて広がっていくという目に見える成果が、この大変な仕事を支えているように思われる。

事例から得られる示唆

これまでの報告は、本書の主なテーマである「少子高齢社会の地域づくりとビジネス」のビジネスには結びつかないとお感じになる読者もいらっしゃるかもしれない。しかし、この実例はコストダウンを武器に民営化を推進する流れに対して、公務員が自らの業務を真剣に見直すことによって「民間恐れるに足らず」と主張しているように思えてならない。地域活動の中から市民のニーズを掘り起こし、ニーズへの対応が財政の肥大化につながらず、むしろ前向きな活動を通じて財政の健全化にも貢献するという動きはある種の理想である。しかも保健のような行政サービスは定型化されにくい。これを、業務内容と責任の所在を明確にする民間企業と公共団体の契約関係の中から生み出すことはきわめて難しいのではないだろうか。むしろ、こうした公共団体の仕事の中から生まれてくる多様なニーズの中で、民営化や民間委託が可能な業務が生まれてくるのかに注目すべきと思われる。医師会が協力して地域活動が充実するといったように、民間の新たな活動が地域づくりに貢献するという方向を見出すべきと思われる。

こうした動きが生まれてくれれば、公共団体と民間企業との新しいパートナーシップが生まれてくるのではないだろうか。もちろん公共団体の中には、ここまで熱心に地域活動を掘り起こしきれない団体も存在するだろう。そういったところでは民間企業への委託が行なわれる一方、公共団体に「見放された」と感じる市民が民間活用に反対するかもしれない。しかし、北九州市の区役所のような真に地域密着の活動が展開する中から新しいサービスが発生するなら、それは単に行政の業務を切り離した委託とは全く違うものであり、市民と行政の期待の中で民間企業にも明確なミッションとそれなりの責任が求められるようになるだろう。

新しい公共的領域をつくり、官民のパートナーシップが新たな展開を見せるか否かは、当の公共団体が市民のニーズと自らのミッションをいかに深く考えて活動しているか、そして民間に任せられる（られない）領域を明確に意識できるかにかかっている。更に言えば、こうした真剣さが公共団体にあるのかないのか、民間企業の側にも見極める「目」が求められているのではないだろうか。単に、コストが安いから、人が足りないからといった理由で民間委託に走るのではなく、官民のよりよいパートナーシップを築くことができるのは、ここで紹介したような活動を展開している団体と地域のように思えてならない。

団地再生の処方箋

東京圏の人口移動の大転換　—新規転入者に都市開発需要を依存してきた時代の最終段階

都内に住む20歳代から40歳代の人で都外へ転出する人はバブル崩壊後どんどん減っている。バブル前は、青年が就職や進学のために全国から都内に転入し、20歳台後半以降の人が就職・結婚・子育て・住宅取得のために都外へ転出していた。今やふる里へ帰る人も郊外へ引っ越す人も急減した。1996年から都内の人口が減少から増加へ転換したのも、転出者の減少が原因であって、周辺県からの転入増が原因ではない。よって「都心回帰」は誤解を招く表現であって「都心残留」が正しい。

この人口移動の大転換は、都内の①地価下落 ②用途・容積率の緩和 ③建設費の低下 ④高収入機会と女性の就業率向上の四つが主因である。マンションの坪当たり販売価格が下がって取得が容易となり、共稼ぎで高収入が得られる都心居住は今や絶好調市場である。超高層住宅が代表例だ。

あおりを食らっているのが郊外住宅開発地である。地価が高く、規制水準が高く、建設費が高い時期に開発された郊外住宅地が、その後のトリプル安の都心物件に勝てる道理はない。当てにしていた都内からの引越し世帯（住宅取得者）は減る一方だが周辺県から都内へ転入する人数はここ25年変わっていない。

こうした都心一極集中と郊外過疎の同時進行は、90年代に土地・開発規制を緩和した政策の効果でもあることに注目する必要がある。

住宅取得の二面性 ―資産運用と居住サービス購入

人口移動はライフイベントの中で住宅をどこに構えるかで決まる。ここでは持ち家に限定して考えると、住宅取得とは居住サービスを購入することと資産を運用することの二つの目的から行われることに思い至る。バブル以前も現在もこの2面性は住宅の買い手の期待としてはさして変わらない。しかし最近の住宅の売り手は居住サービスを強調する一手である。では居住サービスとは何だろうか。①住宅の性能とその持続性 ②展望や緑や静けさや安全な環境 ③買い物や教育や医療福祉や文化の周辺利便性 ④近隣のつきあい ⑤通勤時間であろう。10年後に都心住宅の価格は下がるかもしれないが、通勤時間は長くなることはまずない。職業を持つ女性は通勤時間が短いことが重要だから共稼ぎ世帯は都心派となる。他の①から④は人それぞれであって、取得価格に吹き飛ばされがちだ。

こうして都心で手頃な値段の住宅が供給されたから都心での住宅一次取得者が急増した。地価下落だけではそもそも超高層マンションは建設されない。斜線制限・日影制限・住宅容積率などの建築規制緩和がそれを可能にした。こう考えれば、都心居住の拡大は政策効果である。

居住サービスを重視する住宅市場は今後とも拡大する。終身利用権を販売する高級高齢者向けマンションもその一つだ。この発想を徹底すると、次の新しい住宅がイメージできる。すなわち、入居者が出資する法人が所有者となり、入居者は所有法人から住宅を賃借する方式である。後述するが、入居者出資法人所有方式として、今後の普及が期待される方法だ。

居住サービスと環境資産運用 ―資本市場を活用した自治体政策の提案

90年代にもう一つの重要な規制緩和があった。不動産証券化市場の発達に向けた規制緩和だ。土地と建物は今や、機械や原材料と同じような次元で事業会社の投資対象であり、株と同じような次元で運用会社の投資対象の一つとなった。囲い込んだ環境さえも投資対象にするゲーティドタウンもでている。

資本市場の発達は、公共サービスの範囲や負担のあり方を大きく変えるであろう。都市分野では、事業者は今のところ短期回収派が多い。自治体との調整に時間のかかる基盤整備をできるだけ避け、短期に資金回収できる分譲住宅開発に集中する。

では住宅を買う個人や基盤を担う自治体はどうか。個人にとって資産を住宅に投資することが得な時代は終った。自己資金を別の投資先に回して高い配当を得られるならば、ローン返済もなく、住み替えも容易な借家のほうがいい、という選択をする人が増えるであろう。すると個人資産運用商品と居住サービスの良い借家をセットで提供すればヒット商品となり得る。

自治体にとってはどうか。都市基盤は１００年の計でつくられる。住宅が分譲され老朽化しだすのが30年である。そうなると固定資産税は減り、居住者は退職して住民税が減り、国民健康保険加入者が増え市町村負担が増える。あと数年で多摩ニュータウンはそうなる。つまり自治体にとっては、生産年齢世代が3世代以上にわたって住んでもらえる街を工夫せねばならない。現実は、一世代が終ると家も街も終る恐れのある地域が郊外で増えている。

自治体としては都市基盤が整備されている場所に複数世代にわたって同程度の人数が住んでもらえることが重要であるから、良質な居住サービス提供を個人資産運用商品の対象としてしまうような誘導政策が待たれる。例えば、自治体の区域を地区に分けて「地区債」を発行し地区からあがる税収に連動させて配当を決めるのもいい。加えて良質な借家を民間中心で供給するための信用補完を行う。例えば居住者が出資する法人が共同住宅を所有する仕組みを団地建替えにおいて推奨する政策を提案したい。残る課題は70歳まで働ける近所の職場だ。例えば地区会社だ。

一世代で終らない地区にするには居住者の年齢を多様化する必要がある。年齢が多様化すれば所得も多様化される。ならば多様な住宅を供給すればいい。そして住み替えしやすい良質借家を増やせばいい。そうすれば学校の教室も街も「社会の縮図」となり自律的な自治も期待されるであろう。

所得の多様性について言えば、超高額所得を得られる稼ぎ場があるほど都市の多様化は進む。都市づくりにおいて、今後多様な雇用の創出は大きな課題となるだろう。都心では金融と芸術、郊外では素材開発と生産技術と検査・計測がターゲット産業になりうる。

現在、公共の形成に住民が大きな力を持っているとはいえない。専門分業が進むと公への自律的服従は避けがたい。ここに自治体の出番がある。つまり住民が過程に関与できる仕組みをふやせばいい。資本市場を通じて、住民参加を通じて。そして地区会社を通じて。一番効果があるのは地域就業を通じてだろう。

団地の優位性と再生のポイント

団地は優れた①都市基盤と環境 ②管理組織を持っている。土砂降りでもきちんと排水され、プレイロットも緑もたっぷりで、さんさんと陽を浴びる。そして自治会や管理組合があって盗難や傷害事件があればすぐに話し合いが持たれ、都市居住の貴重なレッスンを積んでいる。①は次世代への希少資産であり、②は近く訪れるだろうコミュニテイの時代の教師である。しかし現在の団地は物的老朽化、人的な高齢化、近隣センターの廃店、建替資金調達や合意形成の難しさが混在している。このため政府や企業は団地再生を今後の課題として位置づけている。

そこで団地再生を後押しする政策を至急準備すべきと考える。簡単に計算すれば２０１５年には築45年以上の共同住宅は全国で約１５０万戸（築35年以上は４５０万戸）と予想され、この建替市場は新規供給市場に相当する。団地の再生には経験的に10年を要するから、早急に政策形成して再生を準備すれば、建設・不動産業界にとっても一大市場となる。これは都心タワーマンションにとっても他人事ではない。そこではもっと深刻な将来が待っているだろうから。

団地再生のポイントは、①ハード面（住宅性能と資産と所有制度）、ソフト面（サービス流通とコミュニテイと居住者組織）、これらをつなぐ資金面と用途複合面の統合フレームの形成 ②居住者が参加し決定することを支援するための合意形成参照モデルの作成 ③手切れビジネスではなく永続ビジネスを理念とする地区サービス事業の起業の三つである。

団地再生、ニュータウン再生の方策

団地やニュータウンは基盤が優れており、自然や緑も多い。団地のまとまった戸数の丸ごと再生は有力な事業機会とみなせる。そこで、団地の再生には次を考慮する必要がある。

①建替・大規模修繕・一部補修・滅失を組み合わせて再生プランを立案する。

②多様な年齢層が居住しやすいように住戸や建て方を多様化させ、近隣センターに保育、福祉、生活サービス、そして就業の場を複合させる。

③等床性に基準とし、総事業費マイナス外部資金（保留床売却など）を居住者であん分し、経済条件の妥当性と公平性を確保する。

④リバースモーゲージなどにより不動産価値と生活費用との交換手法を導入し生活支援を行う。

⑤住民間の信頼と住民・事業者間の信頼の形成を重視し、住民と事業者を調整する公的団体が初期段階で活動し、建て替えなどの事業は等価交換、民事信託、一人施工といったの事業手法を導入する。

ここで、入居者出資法人による所有方式によって建替えを促進することを提案したい。区分所有を超えて、入居者が新法人へ出資し、入居権を得て、いわば賃借する方式である。この方式のメリットは、入居審査の実施可能、管理を一括で行い資産の保全向上、入居者は株主として意思決定に参加することでコミュニティの形成促進、そして所有法人が償却を行える、にある。住宅の物的な耐用年数の長期化については議論が分かれるが、合意形成の円滑化については議論の余地はないので、この方式は有力であろう。

地区サービスカンパニーの創設へ

居住地は、多様な人がいて、多様な消費が生まれる。現状では、住宅地においては、人は消費者として行動することが多く、生産者として振舞う機会が少ない。しかし、高齢社会においては新しい居住地像を描くことができる。すなわち高校生や大学生などの若い時には、インターンとして、居住地で必要とされるサービス業などに従事して社会を学び、50歳以降および定年退職後の仕事は居住地で身近なサービスや培った専門ノウハウで世界を相手に仕事をする。まさに、住宅・居住地が消費拠点と併せて生産拠点となり、しかも地区内経済循環が高まる。こうした各地区の地区サービスカンパニーが全国および世界でネットワークされると、20世紀型社会とはまったく異なる社会を構築することができるだろう。

では、地区サービスカンパニーが行う仕事はどんなものがあるか。

①地区保障　地区保障保険、地域教育、医療・介護・保育

②共同管理　公的施設管理、都市計画初動期の計画、住宅管理補修、住み替え支援、法人所有アパート
③対面の市場と起業　シェアブルマート、都市・農山村交流
④表現・起業レクリエーション、コンクール、ベンチャーファンド

こうして地区環境や地区活動の新しい需要を地区サービス主体が掘り起こしつつ自らの収入基盤とすることができる。また、公共サービスの一部が地区サービス主体によって提供されることとなり、公共団体のスリム化に寄与する。何よりも住民が自らの街と生活サービスに対する参加権を得ることができるのだ。

地区サービス主体が日本の都市そして社会モデルを変える

英米と日本のまちづくりの大きな違いは、日本では①地区管理サービス主体がないこと　②地区共有財産が存在しないこと　③市街地が連担していること、である。この違いは、日本の都市に次の特徴をもたらしている。

①住宅、公園、道路、商業施設などの物的な豊かさに関しては、建設段階で目標とされるが、その後の住民生活に関する目標とサービス体制は、個人または公共団体の問題とされる。
②財産は、個人または公共団体のいずれかに帰属するとみなされる。ただし、団地の共有財産の考え方は今後のヒントである。（建物の区分所有などに関する法律）

③建設段階で、地価上昇利益を個人と地区に配分する仕組みが区画整理に存在するが、その後の維持管理段階では地価上昇利益は個人のみへ帰着する。ただし、固定資産税を通じて、自治体にも一部帰着する。

④生活を営む場としての地区の目標像が住民によって形成・実現されにくい。近年では市町村マスタープラン策定過程で住民参加が積極的に導入されているが、そのマスタープランは公共団体の区域、または行政区の区域ごとであって、広すぎるとともに、実現過程に住民が関与できる仕組みに乏しい。

今後、団地の建替えや大規模再開発を行う際に、地区サービス主体の形成を推進することは、開発の仕組みの変更や地区環境と地区活動までをカバーする開発計画の促進が期待される。そして公共サービスの負担・供給や市場における財・サービスの供給体制の改革にもつながる。

官民連携による公立病院再生

患者が病院を選ぶ時代と病院が淘汰される時代の到来

医療事故の報道が繰り返されるたびに、私たち国民・患者は、安心できる病院にかかりたいと強く思うようになってきた。「あそこの病院の、あの先生の腕は確からしい」という噂を聞いては、片道1時間の電車にのって遠くの病院にまで通う人もいる。この世の中の流れは、例えば、オリコン・エンタテインメント『患者が決めた！いい病院』や、日本経済新聞社『病院ランキング』のように、ランキング本が出版されていることからも見て取れる。これは病院側から見れば、「患者から評価され選ばれる」ということ。患者が病院を選ぶ時代がやってきた。

また、日本は世界に例をみない急速な高齢化により医療費が上昇していく。厚生労働省の試算によれば、医療費は２００６年度（平成18年）の28・６兆円から、２０２５年度（平成37年）には56兆円まで増加する。実にこの20年間で医療費が約2倍になる計算である。さらに、少子化の影響により総人口が減少するので、国民1人当たりの医療費負担はさらに増加する。厚生労働省はこの事態を回避すべく、診療報酬の公定価格を引き下げ、一律に病院の収入を減少させる施策を続けている（２００６年度の診療報酬改訂では、3月現在の新聞報道によるとマイナス3・16％の引き下げ）。さらに、患者の入院日数の短縮を推し進めることで、実質的な入院患者を減少させ、全国の病床数を大幅に削減する施策を打ち出している。

これは、誤解を恐れず言えば、「医療費の抑制のために病院にかかる患者を減らしたい、患者を減らすためには病院の数を減らす」という政策である。病院が淘汰される時代がやってきた。

病院は、患者の視点からの競争が激しくなり、さらには国の医療政策により経営環境も悪化するという、二重の苦しい状況にさらされている。病院経営は実は厳しいのだ。特に公立病院はその状況が顕著に数字に現れている。具体的に見ていこう。

日本の公立病院の経営状況

平成15年度地方公営企業年鑑によれば、全国に約1000ある自治体立病院のうち、実に6割の病院が赤字経営であり、1病院当たりの赤字額は約2・4億円となっている（注1）。また、自治体立病院では「他会計負担金」と呼ばれる公的資金（税金）が運営補助金として投入されおり、その額は、赤字病院の場合では1病院当たり約5・2億円となっている（注2）。つまり毎年税金を繰り入れているにも係わらず赤字が出ているのである。赤字額と繰入額を足し算すると、1病院当たり2・4億円＋5・2億円＝約7・6億円となり、実質的に国民の税金で運営していることになる。毎年、しかも1病院当たりの金額である。

（読者が日頃お世話になっている近隣の自治体立病院はどのような経営状況なのか、次のサイトで調べることも可能です。URL　http://www.soumu.go.jp/c-zaisei/kouei/html/index_by.html）

このように、国民の税金は公立病院に投入されているが、国・地方自治体の財政も厳しく、これ以上の公的資金の投入は難しい。ましてや、病院の建て替えや最新の医療機器の導入など、多額の投資を行うのは不可能に近い。病院は一種の装置産業であり、人材投資や設備投資ができないと最新の医療は提供できない。投資ができないことで患者に選ばれる病院になることができず、患者数が減少し経営が悪化、さらに税金の負担も多くなる、という悪循環に陥る。

最近では、京都府の市立舞鶴市民病院が経営悪化により、民間病院に運営を任せるという新聞報道もあった。公立病院がつぶれていく事態が現実に起こりつつある。

公立病院でのＰＦＩの導入

このような背景の中で、公立病院の整備・運営におけるＰＦＩの導入が注目をあびてきた。ＰＦＩとは、Private Finance Initiative（プライベート・ファイナンス・イニシアティブ）の略で、民間の資金と経営ノウハウを活用して公共施設などの建設、維持管理、運営などを行う事業手法である。病院に限って言えば、民間資金により病院施設の建設や医療機器などを購入し、さらに民間の経営ノウハウを利用して、経営改善を行うという手法である。

日本においてPFIを導入または予定している病院の事例としては、高知医療センター（648床）、八尾市立病院（380床）、近江八幡市民病院（407床）、島根県立こころの医療センター（242床）、東京都多摩広域基幹病院（750床）および小児医療センター（600床）、東京都がん・感染症医療センター（906床）がある（2006年1月10日現在で開院または実施方針公表済みの案件）。このうち、高知医療センターと八尾市立病院はすでに運営が開始されている。では、具体的にはどのように民間ノウハウが活用されているのか、事例を見ていきたい。

PFIスキームの紹介【高知医療センターの事例】

高知医療センターは日本で最初の病院PFIとして企画され、オリックスグループを幹事企業とする高知医療ピーエフアイ株式会社（以下、SPC特別目的会社）を病院経営のパートナーとして選定し、2005年3月に開院した。（施設概要については図表2-5-1）

高知医療センターが普通の公立病院と違うのは次の点だ。通常の病院は施設整備については、起債を起こして建設資金を確保し、設計事務所や建設会社に発注

所在地	高知県高知市
開院	2005年3月1日
設立主体	高知県・高知市病院企業団（一部事務組合）
SPC	高知医療ピーエフアイ株式会社（出資者：オリックス他）
病床数	648床（一般590、結核50床、感染症8床）
延床面積	約67000㎡（病院施設）
事業スキーム	BTO（職員宿舎などはBOT）

図表2-5-1　高知医療センター施設概要
資料：公表資料より三菱総合研究所作成

して建設し、運営については病院職員が診療、看護、検査、給食などの各種業務を行っている。一方、高知医療センターでは、ＳＰＣが、病院施設の建設・維持管理業務に加え、医療関連サービスと呼ばれる検体検査や滅菌消毒、看護補助業務、医事業務など、あらゆる運営業務を実施し、それらに必要な初期投資については、民間の金融機関から資金を調達してくる（図表2－5－2）。

ここで注意されたいのは、診察や看護などの医療サービスは、高知医療センター病院事務組合の医師、看護師が行うことになっており、病院経営自体は病院事務組合の責任で運営されている。つまり従来通り公立病院として公共が運営しているのである。ＳＰＣという民間企業が病院を運営しているわけではなく、ＳＰＣは公立病院の運営を側面から支援している。

さて、このようにＰＦＩを導入した病院では、従来の公立病院と比べ本当に運営コストが下がり、病院の経営は効

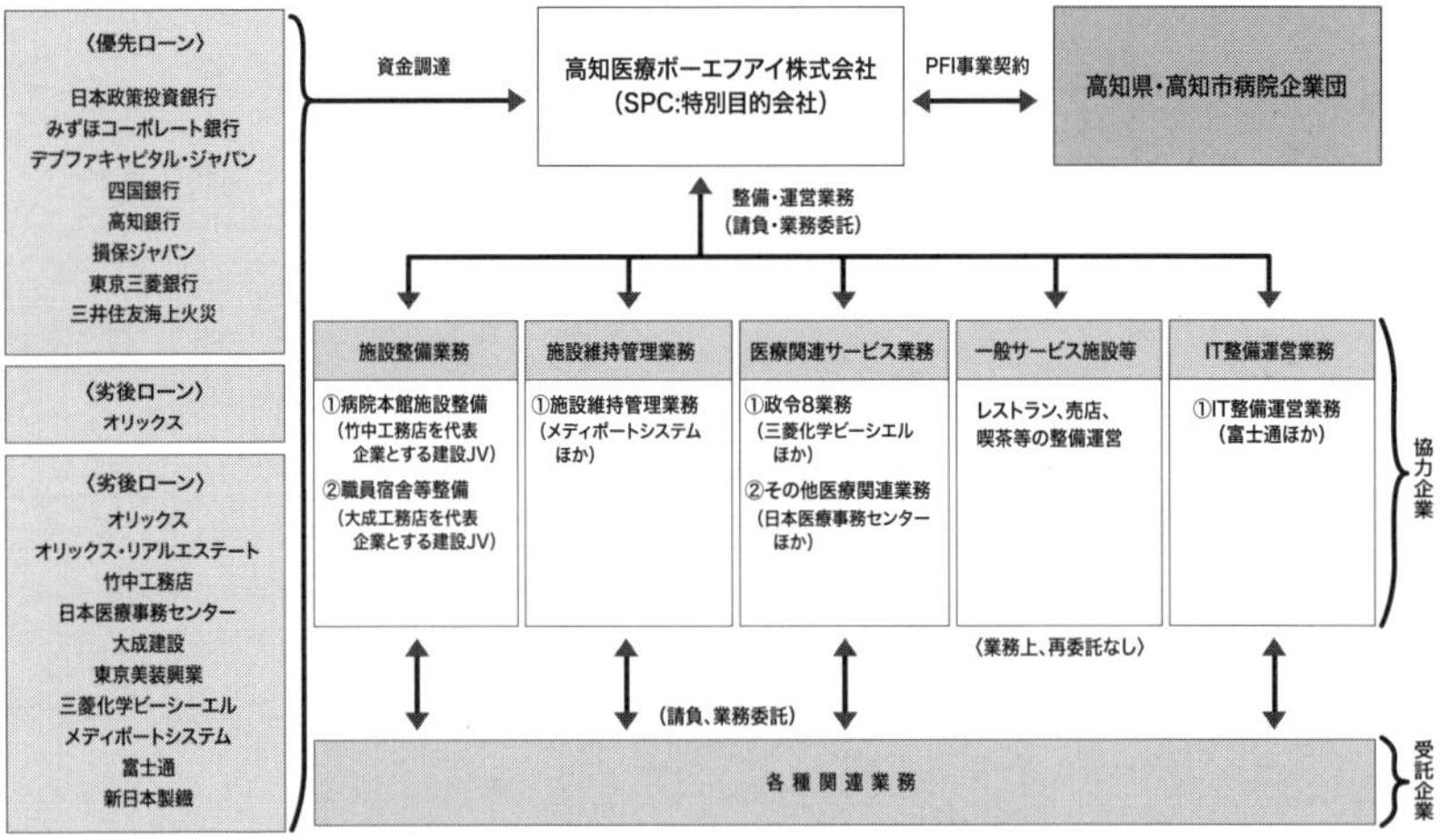

図表2-5-2　事業スキーム
資料：http://www.kochi-mc.com/index.html

率化されるのであろうか。高知医療センターの場合、公表資料によればＶＦＭが５％（現在価値換算）と算出されている。ＶＦＭとは、Value For Money（バリューフォーマネー）の略で、従来の公共事業で病院を整備・運営するのに比べ、ＰＦＩによって整備・運営するとトータル５％のコスト削減効果がある、という意味である。つまり、年間１００億円の事業規模であれば、毎年5億円のコストが削減できる。民間病院でも経営収支で利益率２～３％出せれば優秀といわれるので、ＶＦＭ５％のコスト削減は極めて大きい。

では、なぜＰＦＩだとそのようなコスト削減が可能なのか。誤解を恐れず言えば、公共と民間とのモノを買うときの価格交渉力の差が大きいと筆者は考えている。同じものでも公共は民間より高く買わされる傾向がある。例えば、建設単価では民間病院なら坪１００万円のところを、公立病院は坪１２０万円という価格設定がざらだ。また医薬品についても、公立病院では仕入れ値は定価の５％引きだが、民間病院だと15％引きで買っているという話もよく聞く。これは、公共側は業者と価格交渉したくても、一度の入札で業者が決まってしまったり、また、入札前に事前見積で価格交渉しようとしても、民間の他施設事例データを入手して、業者の営業マンと戦えるだけのノウハウをもった行政職員がほとんどいないからだ。

ＰＦＩの場合では、ＳＰＣという民間会社が公立病院側の代理人として、行政職員の代わりに、建設会社、医薬品・医療材料卸会社、医療機器メーカー、検査会社などをとりまとめて価格交渉し、民間価格で契約してくれる。ＳＰＣは公共のパートナーとして様々な場合で活躍してくれる。これがＰＦＩという世界における官民連携の姿である。

公立病院によるＰＦＩの活用の意味

ＰＦＩの導入によるコスト削減により、公立病院の経営収支は確かに改善されるはずだ。しかし、公立病院でＰＦＩを適用する意味は果たしてそれだけなのだろうか。というのは、例えば建設コストを削減するならば、設計段階からコスト重視の設計を意識したやり方を採用したり、建設工事でのＣＭ（コンストラクションマネジメント）の実施によっても、コストを削減できた事例がある。また運営コストを削減するならば、医薬品や診療材料の共同購入によって、民間並の価格を実現できる方法もある。ＰＦＩ以外の手法でも大幅にコスト削減が成り立つ可能性があるのだ。

実は、ＰＦＩのＶＦＭという概念には、お金（税金）の価値を最大にするという意味で「公共は税金を効率的に使って、少しでも良質な公共サービスを提供しなくてはならない」という考え方もある。これを念頭に病院ＰＦＩを想像すると、患者は、医療費とは別に投入した税金（現に繰入金や補助金として病院に税金は使われている）によって、良質な医療サービスを受ける権利があると言える。つまり、病院ＰＦＩはコスト削減だけの効果ではなく、医療の質に関しても何かしらの意味づけがなされるべきではないだろうか。安かろう悪かろうの医療では、私たちは安心して病院に行けないのだ。

実はそんな考え方を積極的に取り入れている事例もある。八尾市立病院だ。この案件は建設工事を含まない運営・維持管理業務だけのＰＦＩ事業なのだが、公表資料によればＰＦＩ導入の目的は第一に「医療の質の向上」を掲げ、「医療サービスの向上」、「患者サービスの向上」を目指している。具体的には、『医師や看護師が主たる業務でない部分に関与していたり、情報システムが十分に整備されていないために、伝票事務に追われるなど、効率的に診療業務が遂行できていないケースがある。（中略）周辺サービスを改善し、医師や看護師が本来業務に専念できるようにすることで、医療サービスを充実する。（中略）患者中心の病院とするために、病院ボランティア、関係する諸団体、病院職員の連携のもとで意見をきめ細かく分析し、（中略）民間企業の顧客本意の経営・運営ノウハウを活用する』（注３）とされている。要約すると、民間企業は医師・看護師などの医療スタッフがより患者へ向き合う時間を増やせるような環境を整え、民間市場で洗練された顧客重視ノウハウを病院現場に応用して患者満足度を高め、それにより医療の質の向上に役立てようということだ。

ただ、「ＰＦＩの導入によって本当に医療の質が上がるのか？」という疑問も確かにある。しかし、医療の質を高めるためにＰＦＩ導入を検討し、日々頭を悩ませている病院職員や行政職員が実際にいる。また手前味噌ではあるが、筆者もそんな現場の職員とともに、医療の質を向上させるＰＦＩ手法の開発に日々勤しんでいる。

終わりに

これからの公立病院における民間活用は、公共職員と一緒になって医療の質について真剣に考えてくる民間人との「官民連携」であり、また「公立病院再生事業」と捉えても良いかもしれない。またそんな民間人が今後たくさん出てくることを期待したい。

【参考文献リスト】

総務省『平成15年度地方公営企業年鑑』

高知県・高知市事務組合『高知医療センター整備運営事業』2004年2月

八尾市『八尾市立病院維持管理・運営事業　実施方針』2002年9月

（注1）「平成15年度地方公営企業年鑑」より三菱総合研究所が推計

（注2）「平成15年度地方公営企業年鑑」より三菱総合研究所が推計

（注3）「八尾市立病院維持管理・運営事業　実施方針」p3～4

福祉制度の境界（ボーダー）に着目する

急成長を遂げた介護保険ビジネス

2005年春、千葉県成田市の「旅館扇屋」は通所介護事業の指定介護機関の指定を受け、旅館の入浴設備や料理を活用した介護保険サービスに進出した。また、「パナホーム」は介護付き有料老人ホーム事業に進出し、2005年秋に第1号施設を開設した。地主に建物を建ててもらい、それを一括で借り上げるリースバック方式を導入している。

このほか、建設会社による住宅改修やグループホームの建設・経営、タクシー会社によるホームヘルプサービス（通院など乗降介助）の提供など、介護保険事業への異業種参入はもはや珍しいものではない。雇用で見ると介護分野は135万人の規模に拡大しているとの報告もある。

介護保険サービスは、2000年4月以降、利用者の増加とともにその供給量を年々増加させている。その結果、介護保険の総費用や保険給付費は毎年10％を超える伸びを示し、2000年度に3・2兆円であった介護保険給付費は2005年度には6・0兆円とほぼ2倍に膨れあがっている。現行の制度を変えずにこの傾向が続くと、10年後には介護保険給付費は10・6兆円となり、制度創設時と比べて市場は3倍以上に膨らむことになる。したがって、介護保険ビジネスは、安定的で成長性の高い市場と思われる。

制度ビジネスの制約と限界

ところで2006年4月より、従前の介護保険制度を見直した新たな介護保険制度によるサービスが開始される。この「改正介護保険制度」では、①予防重視型システムへの転換 ②施設給付の見直し ③新たなサービス体系の確立 ④サービスの質の向上 ⑤負担の在り方・制度運営の見直しの五つの考え方が盛り込まれている。

第一の「予防重視型システムへの転換」とは、「明るく活力ある超高齢社会」を目指し、市町村を責任主体とする、一貫性・連続性のある「総合的な介護予防システム」を確立することを示している。第二の「施設給付の見直し」は、介護保険と年金給付の重複の是正、在宅と施設の利用者負担の公平性の観点から、居住

1. 予防重視型システムへの転換

「明るく活力ある超高齢社会」を目指し、市町村を責任主体とし、一貫性・連続性のある「総合的な介護予防システム」を確立する。

⇒新予防給付の創設、地域支援事業（仮称）の創設

2. 施設給付の見直し

介護保険と年金給付の重複の是正、在宅と施設の利用者負担の公平性の観点から、介護保険施設に係る給付の在り方を見直す。

⇒居住費用・食費の見直し、低所得者等に対する措置

3. 新たなサービス体系の確立

認知症ケアや地域ケアを推進するため、身近な地域で地域の特性に応じた多様で柔軟なサービス提供を可能とする体系の確立を目指す。

⇒地域密着型サービス（仮称）の創設
⇒地域包括支援センター（仮称）の創設
⇒医療と介護の連携の強化

4. サービスの質の向上

サービスの質の向上を図るため、情報開示の徹底、事業者規制の見直し等を行う。

⇒情報開示の標準化
⇒事業者規制の見直し
⇒ケアマネジメントの見直し

5. 負担の在り方・制度運営の見直し

低所得者に配慮した保険料設定を可能とするとともに、市町村の保険者機能の強化などを図る。

⇒第1号保険料の見直し
⇒市町村の保険者機能の強化
⇒要介護認定の見直し、介護サービスの適正化・効率化

介護保険制度改革の全体像

資料：厚生労働省資料（2004年12月22日）

費用・食費の見直し、低所得者などに対する措置など、介護保険施設に係る給付のあり方の見直しを示している。また、第三の「新たなサービス体系の確立」は、地域密着型サービスの創設、地域包括支援センターの創設、医療と介護の連携強化により、認知症ケアや地域ケアを推進するため、身近な地域で地域の特性に応じた多様で柔軟なサービス提供を可能とする体系の確立を目指すことを示している。第四の「サービスの質の向上」は、情報開示の標準化、事業者規制の見直し、ケアマネジメントの見直しなどを行うことと示している。最後の「負担のあり方・制度運営の見直し」では、低所得者に配慮した保険料設定を可能とするとともに、市町村の保険者機能の強化などを図る。

　これらの改革はサービス利用者の視点に立ったものといえるが、一方で、介護給付費の伸びを抑制する内容を少なからず含んでおり、想定通りの効果を出せば、これまでのようには市場規模は拡大しない。

　たとえば、新たな介護予防システムの構築は、これまでの介護

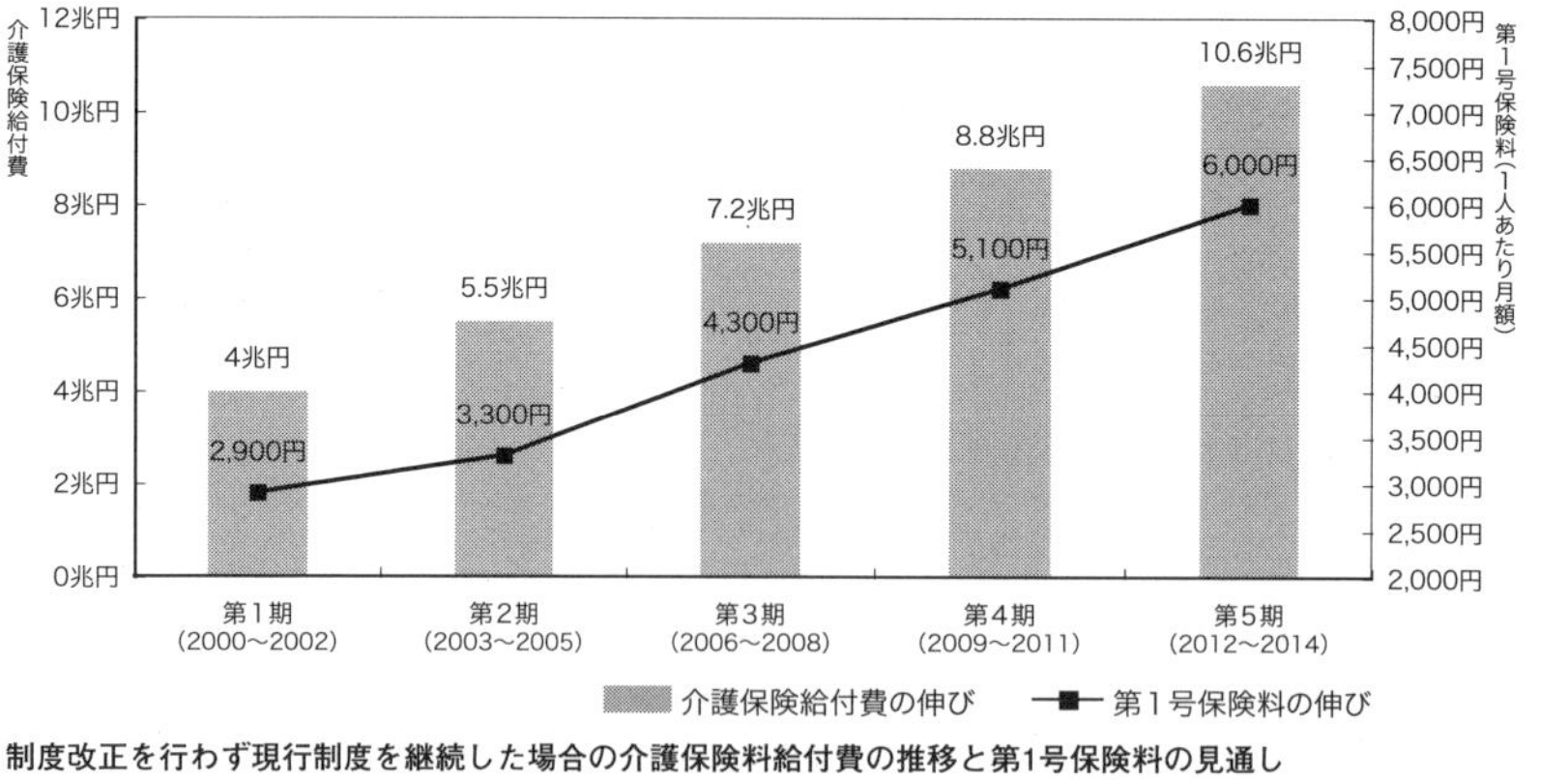

制度改正を行わず現行制度を継続した場合の介護保険料給付費の推移と第1号保険料の見通し

資料：「みんなで支えよう介護保険」厚生労働省資料（2005年8月）

保険サービスの利用者の大半が介護給付サービスを利用できなくなることを意味する(注1)とともに、介護報酬(事業者への支払額)の単価については給付費削減を図るため、施設サービスや軽度者の在宅サービス分について引き下げる方向に進んだ。このような動向の下で多数の民間企業が参入すれば、競争は激化し、収益性が低下する恐れがある。つまり、国は資金(公的負担)が膨らまない方向に制度を変える傾向にあり、それ自体望ましいことではあるが、市場の拡大を重視する民間の発想とは必ずしも一致しない。

また、たとえば建設会社が十分に市場調査や募集活動を行わないまま、有料老人ホームやグループホームなどの経営に参画し倒産してしまうケースが見られるなど、そもそも介護保険ビジネスに他業種から新規参入することは容易ではない。さらに2005年に国が介護現場で働くための資格要件を国家資格の介護福祉士に一本化する方針を打ち出したことで、介護ビジネスはさらに難しくなりつつある。国の制度の下でビジネスを行えば、常にこのような「制度変更」のリスクを全面的に負うこととなる。そのため、介護保険事業に代表される「制度ビジネス」は確かに魅力的ではあるが、国によって作られた市場に着目するばかりでなく、知恵を出して新たな市場を作るという発想も大切と言える。

ビジネスチャンスは制度の境界(ボーダー)にある

福祉関連のビジネスはこれまでも数多く紹介されてはいるが、今一度、福祉制度の「境界(ボーダー)」に着目し、重視すべき市場領域を見定めることが必要である。この際の視点は《福祉制度の延長でビジネ

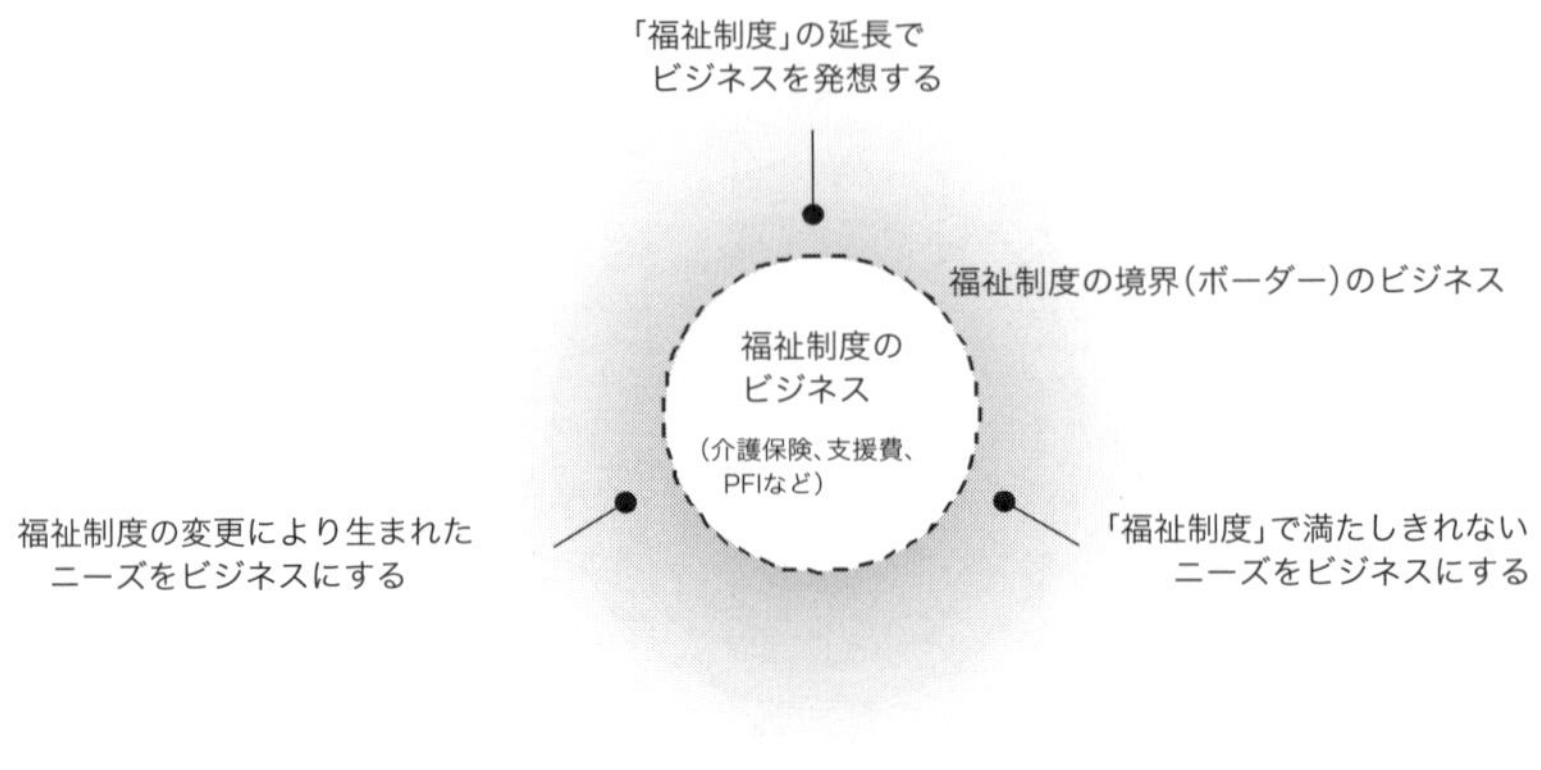

福祉制度のビジネスと境界（ボーダー）のビジネス
資料：筆者作成

スを発想する》こと、《福祉制度の変更により生まれたニーズをビジネスにする》こと、《福祉制度で満たしきれないニーズをビジネスにする》こと、である。

福祉制度の延長でビジネスを発想する

福祉制度の境界は時代とともに揺れ動いている。それは、「福祉」という言葉の意味が社会環境や国民の生活・意識の影響を受けて変化することにも起因している。

たとえば、保育園は本来、母子家庭をはじめとした「働かないと生活を維持できない子育て家庭」の育児を公的に援助するために整備された施設である。しかし、一般の家庭で共働き化が進み、保育所の利用率が高まる中で保育所の位置づけが変化してきた。今では幼稚園と保育園の区別もあいまいになりつつあり、幼稚園と保育園を一体化させる「幼保一元化」も一部の地域では実現している。また、高齢者が「少数の弱者」と考えられた時期には介護施策も税金で賄うべきとの発想が一般的であったが、高齢化率の高まりにより、介護問題は全国民共通の問題となり、社会保険の制度である「介護保険制度」が作られた。これらの動きに共通しているのは福祉の普遍化である。普遍化の流れを踏まえ、福祉概念を広義に捉えるならば「福祉＝生活支援サービス」ということになり、対象を固定的で限定的な社会的弱者とせず、より多くのサービス利用者を見込むことにより、市場性を高めることが可能となる。普遍化が進む行政の福祉制度の外延部にある、この市場領域を「ユニバーサルサポート」のビジネスと位置づけたい。

ユニバーサルデザインが主にハード（施設、設備、空間など）を念頭に置いて用いられる概念に対し、ユニバーサルサポートは主にソフト（対人サービス、情報など）を中心とした概念である。

資生堂が開発した「w・i w・i w（ウィウィ）」は、育児休職者の円滑な職場復帰を支援するインターネットによるオンラインサービスである。「ウィウィ」は、企業とサービス提供の契約を結び、その企業の育児休職者に対して職場復帰に役立つ情報を定期的にネット上で提供したり、職場の上司と育児休職者がメールで情報交換をできるようにしたり、休職期間中にビジネススキルアップやライフスタイルアップにつながるオンライン講座を提供することなどにより、休職期間中のスキル低下を抑えたり、職場復帰時の不安を解消することに寄与している。2005年9月1日現在で、90社ほどがこのサービスを利用している。このサービスは育児休職者が全般的に持っているニーズに対応した「ユニバーサルサポート」のビジネスの一例と考えられる。

福祉制度の変更により生まれたニーズをビジネスにする

先述したように改正介護保険制度の目玉の一つは「介護予防」である。介護予防とは、介護が必要にならないような状態を保つこと、および、介護度を悪化させないようにすることを意味する。

この4月から始まる新予防給付や地域支援事業の介護予防事業がこれに該当するが、これらのサービスや事業が一般国民に認知され、その内容が浸透するにつれて、「介護ビジネス」や「健康ビジネス」とは異なる「介護予防ビジネス」が民間の市場として普及する可能性がある。

「介護予防ビジネス」は「健康ビジネス」と似ており、重なる部分も多いが、その対象者層、目的、内容は微妙に異なる（下図参照）。健康ビジネスのマーケットが若年層から中高年層を中心に高齢者まで広く広がっているのに対し、介護予防ビ

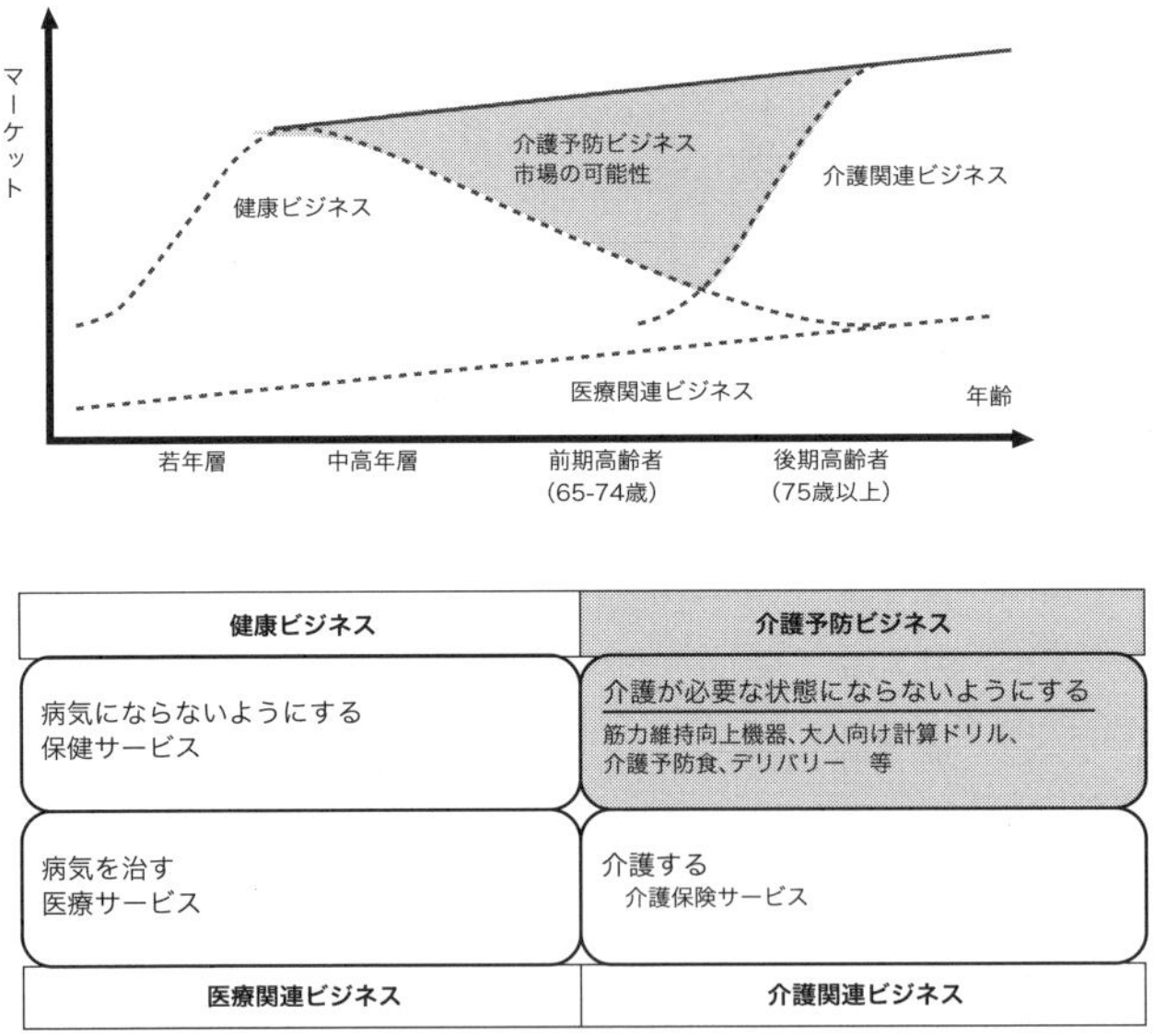

健康ビジネス	介護予防ビジネス
病気にならないようにする 保健サービス	介護が必要な状態にならないようにする 筋力維持向上機器、大人向け計算ドリル、介護予防食、デリバリー　等
病気を治す 医療サービス	介護する 介護保険サービス
医療関連ビジネス	介護関連ビジネス

介護予防ビジネスの位置づけ（イメージ）
資料：筆者作成

ジネスは介護状態になる可能性が高まる前期高齢者（65〜74歳）を中心としたマーケットと考えられる。また、健康ビジネスは「病気にならないで常に健康でいたい」というニーズを満たすビジネスであるが、介護予防ビジネスは「寝たきりになったり、認知症になったりせず、自分のことを自分でできる身体と精神の状態をできるかぎり維持したい」というニーズを満たすビジネスである。東北大学の教授である川島隆太氏の「脳を鍛える大人の計算ドリル―単純計算60日」、「脳を鍛える大人の音読ドリル―名作音読・漢字書き取り60日」などは、これに関連する商品の一例と言える。

福祉制度で満たしきれないニーズをビジネスにする

人は高齢になれば、介護が必要な状態にはならなくても、体力や記憶力が低下したり、何らかの持病も出てくるものである。「老い」を前向きに捉え、「老い」とうまく付き合いながら充実した人生を送ることが高齢期に求められる生活課題である。また、たとえ健康でなくても、あるいは介護が必要になっても自分らしく生きたい。そのような高齢者の思いを満たすビジネスが求められている。これは、健康ビジネスや介護予防ビジネスとも微妙に異なる。趣旨としては個人の尊厳を重んじ、自立を支援する介護保険制度と重なる面があるものの、介護保険はあくまで生活上の困難を解消・軽減するサービスであり、高齢期の生活の充足感を高めることが中心ではない。

介護の必要な高齢者などを対象とした美容関連サービス（訪問美容、美容整形、歯列矯正など）、バリアフリー観光ツアー、エデュテイメント（娯楽要素を盛り込んだ教育サービス）、生活改善薬（抗うつ剤、抗肥満薬、発毛促進剤など）、アニマルセラピー（動物の癒し効果を利用した治療）などが、これに関連する商品・サービス・市場であり、これらを体系化し総合的に提供することが考えられる。

少子高齢・人口減少社会に対応した福祉ビジネスの必要性

２００５年には明治以降、ほぼ一貫して増加してきたわが国の人口はピークを迎えた。その後少なくとも半世紀以上にわたる「人口減少社会」が到来することが予測されている。また、２００７年には、団塊の世代の最初の年齢層である１９４７年生まれが60歳を迎え、そのうちの雇用者の多くが定年を迎える（いわゆる「２００７年問題」）。さらに、今後10年以内に、わが国の人口構成における「ボリュームゾーン」である団塊の世代はすべて65歳以上の高齢者となる。このような少子高齢、人口減少社会の下で、産業構造、国民の生活スタイルやニーズは大きく変化しつつある。

先に示した三つの視点はヒントに過ぎないが、今後見込まれる上記の社会変化に適切かつ迅速に対応するには、行政が構築した福祉制度のマーケットばかりでなく、その周縁部にある市場を探し、広げること。さまざまなビジネスチャンスを生み出す可能性があるといえるだろう。

【参考文献リスト】

『最強CSR経営』（臨時増刊「週刊東洋経済」）東洋経済新報社、2005年12月

（注1）要支援1もしくは要支援2と認定された人は新たな制度に基づく予防給付サービスを利用することになり、「従前の要介護1」の大半は介護給付サービスの対象者から外れる。

地方テーマパークの再生

地方テーマパークの閉園・倒産の原因

1998年以降テーマパーク・遊園地の閉園や倒産が続いた。ここ数年は落ち着きを見せているが、1998年から15年で閉園・倒産したテーマパーク・遊園地の数は、実に17パークに及んだ。この多くが地方のパークである。この原因は大きく分けて七つ考えられる。

一つ目は、長引く不況とデフレによるレジャー消費の低迷である。年金・保険問題といった将来不安の増大がこれに拍車をかけた。この影響は地方の観光地を直撃し、その煽りを一番敏感に受けたのが事業経験の浅い地方のテーマパークであった。

二つ目は、人口減少と少子高齢化の影響である。特に地方圏における少子化の急速な進展は意外と大きな原因となっている。

三つ目は、この間の追加投資の不足である。テーマパークは平均すると初期投資の5%以上の追加投資がないと集客数が落ちるといわれている。上記の17パークは集客の減少が経営を悪化させ、その結果ほとんど追加投資を行わなくなっていた。このことがパークの魅力を低下させ、それがさらに集客力を低下させるという悪循環のスパイラルに陥っていた。閉園や倒産までは至らなくとも近年不振を続けているテー

	パーク名	閉園・倒産時期	主な出資会社	(1)長引く不況・デフレ	(2)業績不振・追加投資不足	(3)初期投資の失敗	(4)不動産事業の失敗	(5)親会社の業績不振	(6)融資金融機関の不良債権処理
閉園	呉ポートピア	H10年 8月	呉ポートピアアイランド	○	◎				
閉園	鎌倉シネマワールド	H10年12月	松竹	○	◎	○		◎	
閉園	御殿場ファミリーランド	H11年 9月	小田急電鉄	○	◎			◎	
閉園	レオマワールド	H12年 8月	日本ゴルフ振興	○	◎	○			
閉園	新宿ジョイポリス	H12年 8月	セガ・エンタープライゼス	○	○			◎	
閉園	富士ガリバー王国	H13年 1月	富士マナファーム（新潟中央銀行）等	○	◎	◎		○	○
閉園	ワイルドブルーヨコハマ	H13年 8月	日本鋼管	○	◎	○		◎	
閉園	横浜ドリームランド	H14年 2月	横浜ドリームパーク（ダイエー）	○	◎			◎	
閉園	向ヶ丘遊園	H14年 3月	小田急電鉄	○	◎			◎	
閉園	京都ジョイポリス	H14年 8月	セガ・エンタープライゼス	○	○			○	
閉園	ザウルス	H14年 9月	三井不動産	○	◎	◎		◎	
閉園	伏見桃山キャッスルランド	H15年 1月	近畿日本鉄道	○	◎			◎	
閉園	神戸ポートピア	H15年 3月	阪急電鉄	○	◎			○	
閉園	リトルワールド	H15年 3月	名古屋電鉄	○	◎			○	
閉園	宝塚ファミリーランド	H15年 4月	阪急電鉄	○	◎			◎	
倒産	宮崎シーガイア	H13年 2月	県市、フェニックスリゾート	○	◎	◎	○		◎
倒産	ハウステンボス	H15年 2月	ハウステンボスグループ、長崎自動車、日本興業銀行グループ	○	○	◎	◎		◎

平成10年以降閉園・倒産したテーマパーク・遊園地とその理由

マパークも有効な追加投資を行わなかったことが原因であることが多い。

四つ目は初期投資規模の失敗である。テーマパーク計画において最も難しいのは事業規模である。テーマパークは小さく産んで大きく育てるのは難しいといわれている。1日で全部体験できるくらいの小ささだと、それだけで魅力に乏しく、何よりもリピート力が小さいものになりがちである。さりとて初期投資が過大であれば、資産償却の負担が大きくなり経営が難しくなる。マーケットサイズや投資規模をどう設定するかという判断には、当然立地条件が関係する。大都市に比べて観光客を当てにしなければならない地方はこの読みが難しい。この読みを間違ったパークが退場を余儀なくされているという過大投資の例がハウステンボスや宮崎シーガイアであり、過少投資の例が鎌倉シネマワールドであったといえるのではなかろうか。

五つ目は不動産事業の失敗である。テーマパークは地域に新たな非日常空間を作り出す環境創造産業であり、大勢の人々を集める集客産業であるため、周辺の地価を上昇させる力を持っている。したがって内外のテーマパークを見ても周辺地域でリゾート開発や住宅開発などの不動産事業を抱き合わせる成功例は少なくない。舞浜のリゾートホテル群に土地を売却できた東京ディズニーリゾートはその成功例といっていいかもしれない。しかし、バブル崩壊でリゾート事業が落ち込んだ時期と重なってしまったという不運があったにせよ、地方圏でのテーマパーク事業の難しさが閉園・倒産のような結果を招いてしまった。ハウステンボスや宮崎シーガイアのような地方圏で2匹目のドジョウはいなかった。

六つ目は親会社の業績不振である。わが国の遊園地・テーマパークの多くは沿線開発のメリットを目指した鉄道会社や不動産事業で成功体験のある企業が子会社として立ち上げたものが多い。これらの企業がバブル崩壊とともに本業が不振になると、真っ先に行ったのが赤字レジャー関連事業の切り捨てであった。この結果、沿線開発の役割が終わっていた大都市近郊の遊園地がこれを機会に続々と閉園するという現象が起こった。

七つ目は、金融機関の不良債権処理である。1998年から2003年にかけてわが国の金融機関は貸し渋りどころではなく、一斉に不良債処理を最優先した時代であった。この煽りを受けたのがハウステンボスや宮崎シーガイアなどの地方のテーマパークであった。この時期に閉園や倒産を余儀なくされたパークは、赤字を出した自らの責任も当然大きいが、多かれ少なかれ金融機関の不良債権処理の犠牲になったことは間違いない。

再生に挑む地方テーマパーク

2003年は、一度閉園もしくは倒産を余儀なくされた地方のテーマパークが、再生に挑む経営者（ターンアラウンドマネージャー）の出現によって再び甦っている例が目立った年であった。

例えば、2003年2月に会社更生法の適用を申請したハウステンボスは、一時期、アメリカの投資会社リップルウッド・ホールディングをはじめとして関心を示した14社のうちから、最終的には同年12月に野村プリンシパル・ファイナンスが支援企業に決定し、2004年から2年後の営業黒字転換を目指して再生に乗り出した。竹内大介代表取締役会長兼CEO（当時）によれば、野村ファイナンスグループがハウステンボスのM&Aに乗り出すことになった要因は五つあったという。一つ目は本物にこだわった施設が良かったこと、二つ目は従業員のモチベーションが高かったこと、三つ目は地元の支援が厚かったこと、四つ目は会社更生法の適用により負債総額が10分の1に圧縮されたこと、五つ目がやり方次第によっては現状と同じ程度の集客力で比較的簡単に黒字回復ができる見通しがもてたことである。しかしながら初期投資4000億円を投じた物件が約20分の1の価格で入手できたことと、おそらく二度と作れない優れた物件を、外資には渡したくないという日本人としての意地が強く働いた結果であったと思われる。

もう一つの例は冷凍食品メーカーの㈱カトキチが中心となって2004年4月に再オープンした香川県のNEWレオマワールドである。レオマワールドは2000年8月に閉園して以来、支援企業を探していたが、2003年2月に民事再生法（後に会社再生法手続きに変更）の申請を契機に、地元企業4社がそれぞれ得意分野を分担して経営するという珍しい事業形態で、初年度集客目標の150万人の達成を目指した。再建に乗り出した動機について「加ト吉」の加藤義和社長は、一つ目はレオマワールドが当初700億円を投じて建設された優れた物件であること、二つ目は4社の協力で20分の1の35億円で再建できる見通しが立ったこと、三つ目はこれからは「遊・楽」産業が有望産業で四国にとっては不可欠な産業であることをあげている。加藤社長は観音寺市長を4期16年務めた人物で「バブルが弾けて傾いた施設を外資に買われてはいけない。地域にある施設は地域の人がやるのが一番良い」と雑誌のインタビューで語っている。

ターンアラウンドマネージャーの出現によって倒産したテーマパークが再生されるというのはアメリカでは極めて当たり前の話である。しかしながら、失敗が許されない日本社会にあっては、これまでは必ずしも当たり前ではなかった。ようやくテーマパークの業界が新規開発による発掘期から、事業再生による発展期に入ったと見るべきかもしれない。

地域テーマパーク再建のポイント

地域のテーマパークが再生する場合のポイントは四つある。一つ目はハウステンボスやレオマワールドのような「ターンアラウンドマネージャーの登場」、つまり経営者の交代である。テーマパークの将来性を信じ、かつ事業再生に経験をもつ新しい経営者が不振または倒産したパークをM＆Aで安く買い取り、創業者の夢と哲学を引き継ぎつつも、冷静な判断と再生の成功経験をもとにして事業を継続展開することである。

二つ目は、「されどリニューアル（追加投資）」である。経営者が代わって運営サービスが良くなっただけでは、お客にとってテーマパークにもう一度行ってみようという気持ちにはならない。やはり施設やアトラクションのリニューアルが必要となる。ディズニーランドを例にとるまでもなく、リニューアルし続けることがテーマパークの宿命であり、成功する要因でもある。

重要なのはそのリニューアルの内容である。少子高齢化の時代にこれまでのようなスリルライド一辺倒の発想は切り替えなければならない。今、大都市部で成功例が出始めているのは「スリル」ではなく「健康・癒し」系のアトラクションの追加である。具体的には東京ドームシティの「らくーあ」やとしまえん遊園地の「庭の湯」のような温浴施設、ナムコ・ナンジャタウンの「りらくの森」のようなヒーリングセラピー（癒し系施療）など、これまでの輸入型のテーマパークや遊園地にはなかった日本独特のアトラクションである。当初はオペレーションの難しさから従来のアトラクションとの共存は不可能とされていたが、この三つのパークは見事に相乗効果を上げている。そのためには東京ドームシティは入園料を撤廃しアトラクション別料金制に切り替えたし、ナムコ・ワンダーランドは入園料を１８００円から３００円に切り下げるような改革を行っている。それにもかかわらず集客数や客単価の増加によって売り上げが増大している。地方テーマパークにおいては「温浴系」に関してはすでに始まっているが、「りらくの森」のような「健康・癒し」系アトラクションの追加投資も今後のリニューアルの目玉として登場してくるものと予想される。

三つ目は「地元の応援」である。ハウステンボスもＮＥＷレオマワールドも地元の応援は素晴らしかった。地域にとって有数の観光資源であり雇用先であるテーマパークを潰すまいとする県や市町村の行政サイドだけでなく、今回は地元の民間企業や市民が支援活動を盛り上げたという点で、大都市で次々と姿を消していった遊園地、テーマパークと全く異なる動きがあった。特に、佐世保市民がもう一度ハウステンボスに行こうという運動を始めたり、ハウステンボスの入場券の半券をお持ちの方はビールが無料という店が現れたりしたことはかつてありえないことであった。ヨーロッパ最古の歴史を持つ遊園地であるデンマークのチボリ公園も過去2回閉園の危機があったが、それを救ったのもデンマーク市民であった。このことをもう一度歴史の教訓として学ぶ必要がある。

四つ目は変な言い方かもしれないが「脱ディズニーランド化」である。世の中のテーマパークは施設にしろ、運営にしろディズニーのようにあらねばならないという「呪い」に縛られていた。しかし本家のアメリカのディズニーでも、何でも自前でやるという方針は捨て外部のノウハウを活用するテナント方式の導入を始めている。そろそろこの呪いを解き、バブリックにお金をかけて作り上げる人工的なおとぎの世界づくりはやめ、地域の豊かな自然を生かした手軽な投資で大人が楽しめるパークができてきてもいい時期ではなかろうか。

子供の頃、親に連れて行ってもらった遊園地がどんなに楽しかったか、その楽しみを孫子の代まで伝えたいという意志がある限り、地方のテーマパークの存在理由は失われない。またそのようなノスタルジックな空間で時間を過ごしたいという高齢者は決して少なくない。そこに事業機会を見出して当初の20分の1の価格で優れた物件を手に入れて、それを再生しようとする事業家が出てきても不思議ではないし、それを応援しようという自治体が現れるのも当然である。地方テーマパークの再生は、地域の行政、企業、市民の情熱と期待を集めることができる地域再生のシンボル事業なのだ。

人口減少社会の地域交通のあり方

地域交通においても進む「規制緩和」

主に地域内の交流を支える地域交通において規制緩和が進み、これまで供給されてきたサービスの維持が地域によっては困難となる。

２０００年5月に改正道路運送法が交付され、地域における公共交通、とりわけ乗合バス事業のあり方に大きな影響を与えた（２００2年施行）。地域交通への民間事業者の新規参入を促すことを主眼とする規制緩和である。この改正により、乗合バス事業への参入規制が許可制に改正、退出規制についても従来の許可制から事前届出制に変更された。バス事業者は、「ドル箱路線」で得た利益で「赤字路線」を「補填」するという内部補助が不要となり、路線ごとの採算で、バス路線を新設・廃止することができるようになった。運賃も、上限を規定する上限認可制へ移行した。

人口減少時代で地域交通はどうなるのか

20万人以上の人口を擁するある地方都市。国道が市域を東西に横断し、この沿道周辺に都市機能が集積する構造を有するこの都市には、二つの乗合バス事業者が存在する。一方は公営バス事業者、他方は民間である。国道を往来する交通需要が多いため、バスネットワークは、国道幹線区間とこれに接続する支線区間により形成されていた。しかし、この規制緩和を契機に、民間のバス事業者が、乗降客が少ない支線端のバス停の廃止を申請し始めた。この民間バス事業者は、「ドル箱路線」の運行に集中し、しかも、公営事業者との競争に打ち勝とうと、運賃を値下げしているという。

このような廃止申請区間は、自治体などにより構成される地域協議会において、地元行政負担により維持されるかどうかが決定されるが、財政逼迫が続く多くの地方自治体では、行政のみの負担による存続は到底困難である。一方で、国は「地方に裁量をゆだね、広域的、幹線的な路線のみを支援する」としている。

地域交通を管理・モニタリングできる組織が必要

先のような規制緩和による利用者へのマイナスの影響を最小限とし、地域における「持続する交流」の条件となる地域交通のサービス水準を維持してゆくためには、地域の交通事業者の強みを活かした役割分担が必要となる。需要が目減りするなかでの事業者間の競合は避け、路線の一元化をはじめとした効率的なネットワークの構築が必要である。

ドイツでは、公共交通に関わる交通事業者間が競合関係になく、かつ相互に高い連絡性を有している。このような交通システムを構築・維持していく上で、いわゆる「運輸連合」が大きな役割を果たしている。運輸連合とは、鉄道、地下鉄、路面電車、乗合バスなど、異なる事業主体が加入するコンソーシアムであり、公共交通の管理・運用、モニタリングを一元化するために設けられた組織である（図2-8-1参照）。運輸連合内では一定のサービス水準が担保できるネットワークを相互に役割を分担しながら運行している。利用者は同一の料金体系のもとで、高い乗り換え利便性を享受できる。これによって、利用者本位の公共交通機関が実現し、利用者の維持・増加に結びついている。

具体例として、「環境首都」で知られるフライブルク市の例を挙げる（写真2-8-1を参照）。フライブルク市を中心としたフライブルク都市圏（人口60万人）では、地域全体の公共交通の利用を促進するため、フライブルク地域交通連合ＲＶＦ（Regio－Verkehrsverbund Freiburg GmbH）を設立した。この運輸連合ＲＶＦには、17の交通関連事業者が参画し、利用者は交通事業者の垣根を越えた一体的なサービスを受けられる仕組みとなっている。公共交通を利用する立場からみると、乗り換え利便性が高い、また、運賃制度が分かりやすく無駄が無いという2点が評価される。特にフライブルクの場合、交通機関相互の乗り換えのしやすさに感心させられる。乗り換えに際して、改札を通る必要がないこともあり、ターミナル施設が非常にコンパクトな形状に設計されているのである。ドイツ鉄道のホーム（計6ホーム）のいずれからでも路面電車のホームへエレベータで移動することができる。また、ドイツ鉄道のホームからバスターミナルへは、上下移動はほとんど無く、駅構内にバスが乗り入れているような感覚である。もちろん、交通事業者同士は競合関係にはないため、ダイヤの連絡性も抜群である。交通事業者間がまさに

「タッグ」を組んでいるのである。

また、ロンドンでは、市の交通部局（Transport For London）が路線バスの運行計画を策定しているが、自らは運行せず、計画どおりに運行する事業者を、路線ごとに、入札で決定している。受託した運行事業者は、車両や乗務員の運用の工夫によるコスト削減、安全性と定時性の実績を高めることで評価を得ようと努力しており、民間と公共の分担の下で、公共性の高いサービスが提供できる仕組みを構築している。

「マス・トランジット」から「マイ・トランジット」への転換を

欧州諸国でみられる事業者間の役割分担に学ぶなら、わが国の地域においては、例えば、公営交通事業者のような、公共性の高い事業者が運行主体とはならず、地域交通ネットワークの一元管理・モニタリングをする日本版「運輸連合」となることは有効と考えられる。

適切な民間交通事業者が、運行するための車両と人員を保有し、サービスを展開するといった役割分担が可能となり、また、自治体などの公共からの財政的な支援が、サービス維持に必要なところへ効果的に配分されることになる。例えば、採算性が低いものの運行が求められる路線には、別会計として、「運輸連合」を通じて補填するという仕組みも可能となる。こうすることによりＮＰＯなど多様な主体によるきめこまいかい公共交通の運行が可能となる。このような仕組みは、規制緩和の狙いにも合致するものであり、交通需要の総量が減少するなかで、利用者の意向を反映させながら、持続的かつ効率的にサービスを提供してゆくための一つの方法であるといえる。

公共交通はこれまで、大量の旅客を効率的に輸送することに重きを置いた「マス・トランジット（大量輸送機関）」であった。しかし、人口減少時代においては、利用者それぞれの「マイ・トランジット」へと進化していくことが求められている。

協働による「連携事業」の必要性

しかし、前述のような地域交通のサービスは、一定の需要が担保されてはじめて維持されるものである。人口減少により需要が目減りし、これによりサービスの維持が困難となる、という循環に陥ることのないよう、住民、特に移動に際して制約が大きい高齢者が、路線バスをはじめとした地域内の公共交通が活用できる、また、活用したくなるような仕掛けが求められる。このような仕掛けは、地域の行政、商業者、交通事業者といったそれぞれのプレーヤーが各々の裁量で実施していては、効果が限定される。各プレイヤーが持つ強みを活かした「連携事業」の実現に向けて、協働を進めることが重要である。

例えば、公共交通と中心市街地の商店街共通のＩＣカードを発行し、相互のポイントを交換できるようにすることにより中心市街地の活性化と、公共交通の利用の促進を同時に図ろうとする連携事業が考えられる（図表2-8-2）。公共交通事業者と商店街が協働することで、効率的にそれぞれの顧客の「囲い込み」を図る。高齢者などの住民からみれば、日常的な交流が持続される可能性が高まる。

このほか、高齢ドライバーによる交通事故の増加が問題となる中で、免許返納者に対して公共交通機関の運賃や定期券を割引したり、商店街でサービスを提供することにより、交通安全の向上にもつなげる、という一石三鳥を狙うのもよい（図表2-8-3）。高知県土佐清水市では実際にこのような取り組みが始められており、運転経歴証明書の発行手数料を免除したり、バス定期券の割引が受けられるサービスを提供している。また、運転経歴証明書を提示することで、商店街での買い物が割引される仕組みとなっている。

例示したような連携事業を実現させるためには、まずは、他地域において進められる既存連携事業を参考としながら、関係者が、協働の必要性を共有することが重要である（図表2-8-4）。

折しも、国土交通省と経済産業省は、地域におけるマイカー利用を減らして、二酸化炭素の排出量を抑制するため、小売店に電車やバスで来店する買い物客が割引サービスなどを受けられる優遇策を創設する方針を固め、具体的な施策について検討を始めているところであり、戦略が各地域では求められる。

地域をあげた仕掛けで住民の意識の高揚も狙う

地域交通の提供体制の見直しに加え、このような連携事業を推進することは、地域内での交流を活発にする、地域をあげた取り組みの契機となる。

これにより、自らが住まう地域に対する住民の意識も高まりも期待され、結果として、住民が自身の行動やライフスタイルを見直すことにもつながり、地域の持続的発展につながるのである。

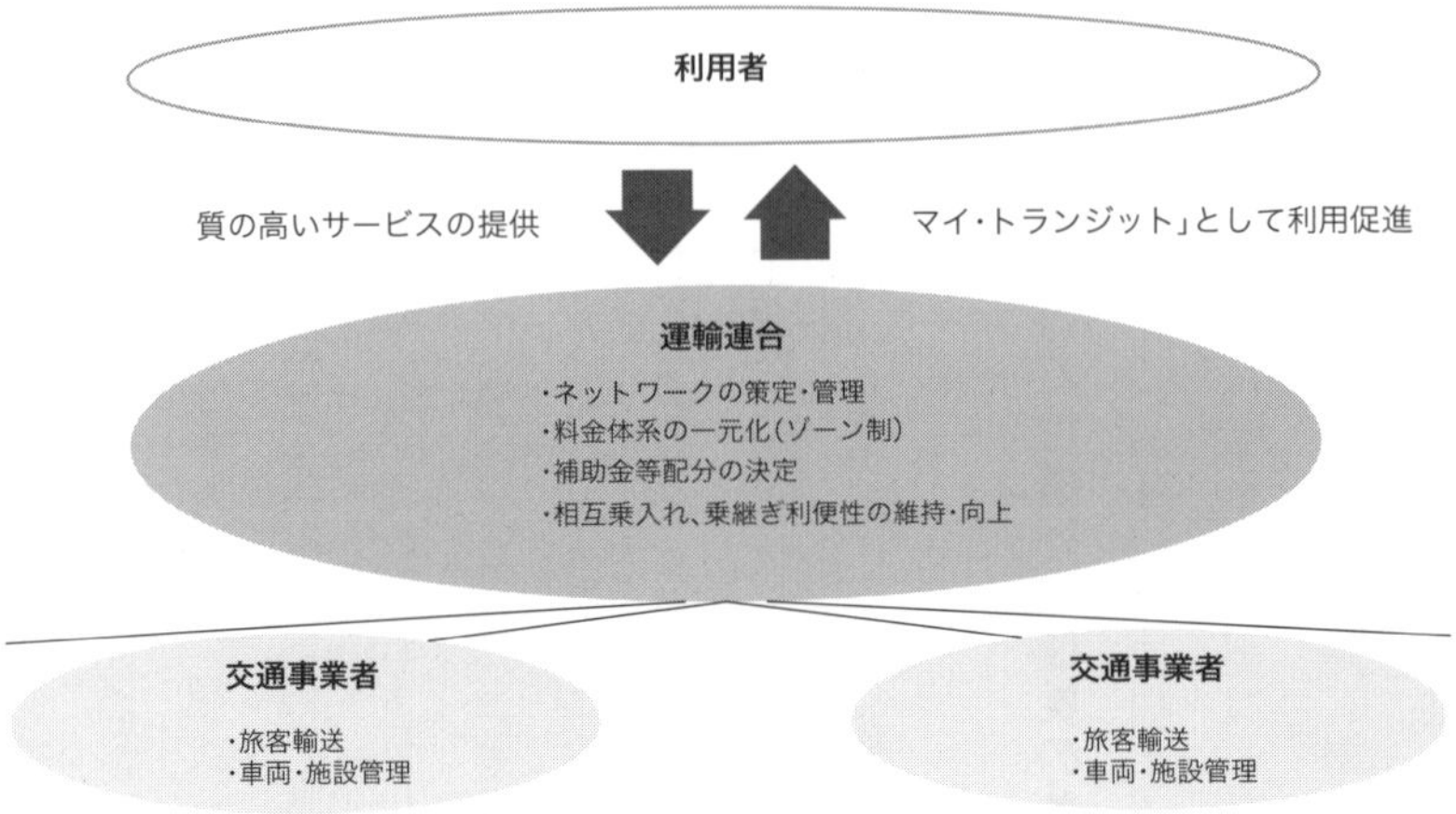

図表2-8-1　ドイツにおける運輸連合のイメージ

写真2-8-1　いずれもフライブルク市（ドイツ）にて筆者撮影

左上：結節性の高いフライブルク駅（手前：バスターミナル、右奥：ドイツ鉄道ホーム、上段：路面電車ホーム）
右上：バス入車時。バス同士の乗り換えの円滑性も確保される。
左上：路面電車ホームへはエレベータが完備。
左下：路面電車ターミナルでの乗り換え。手前が路面電車、奥が路線バス。

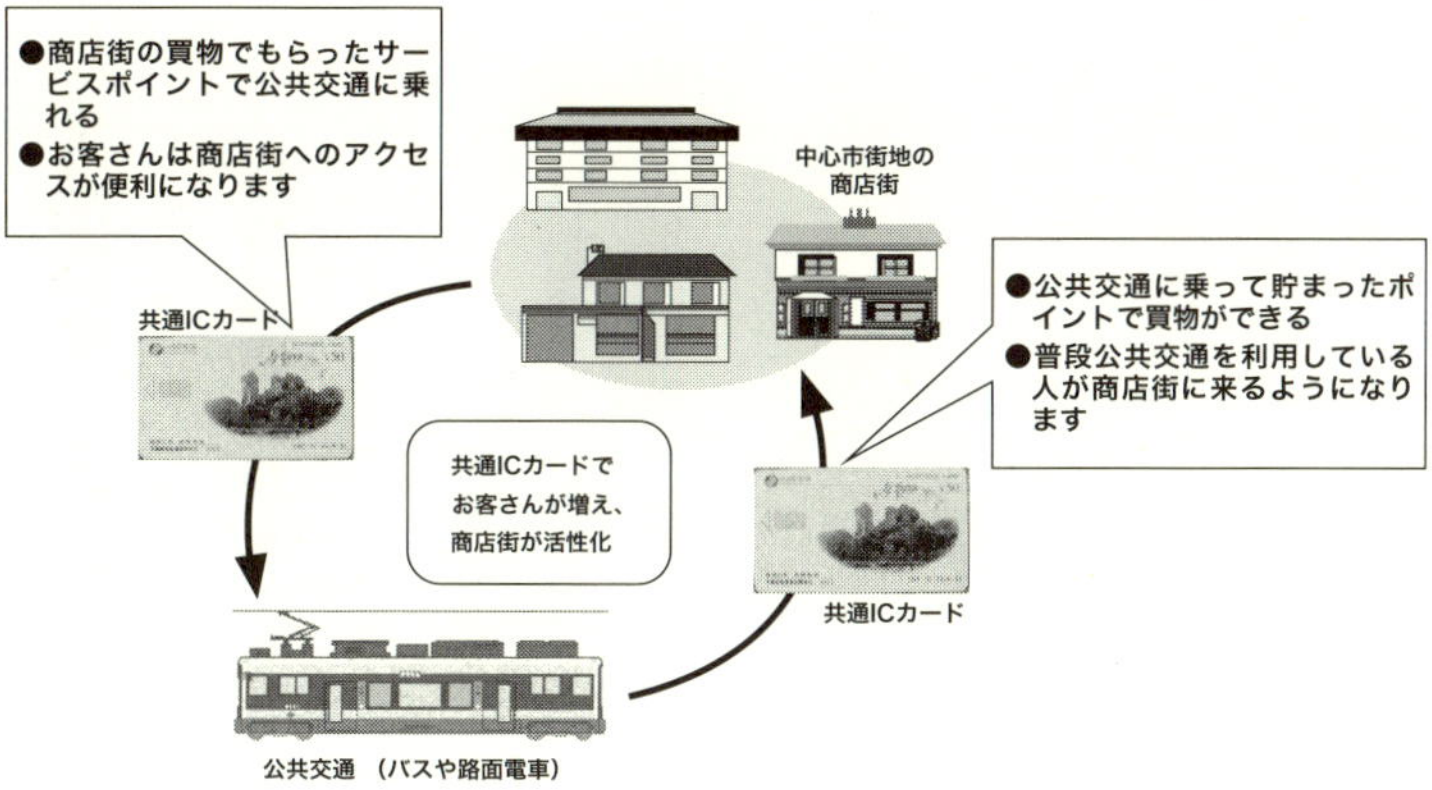

図表2-8-2　連携事業の例①：地域共通Iカードの発行　　資料：筆者作成

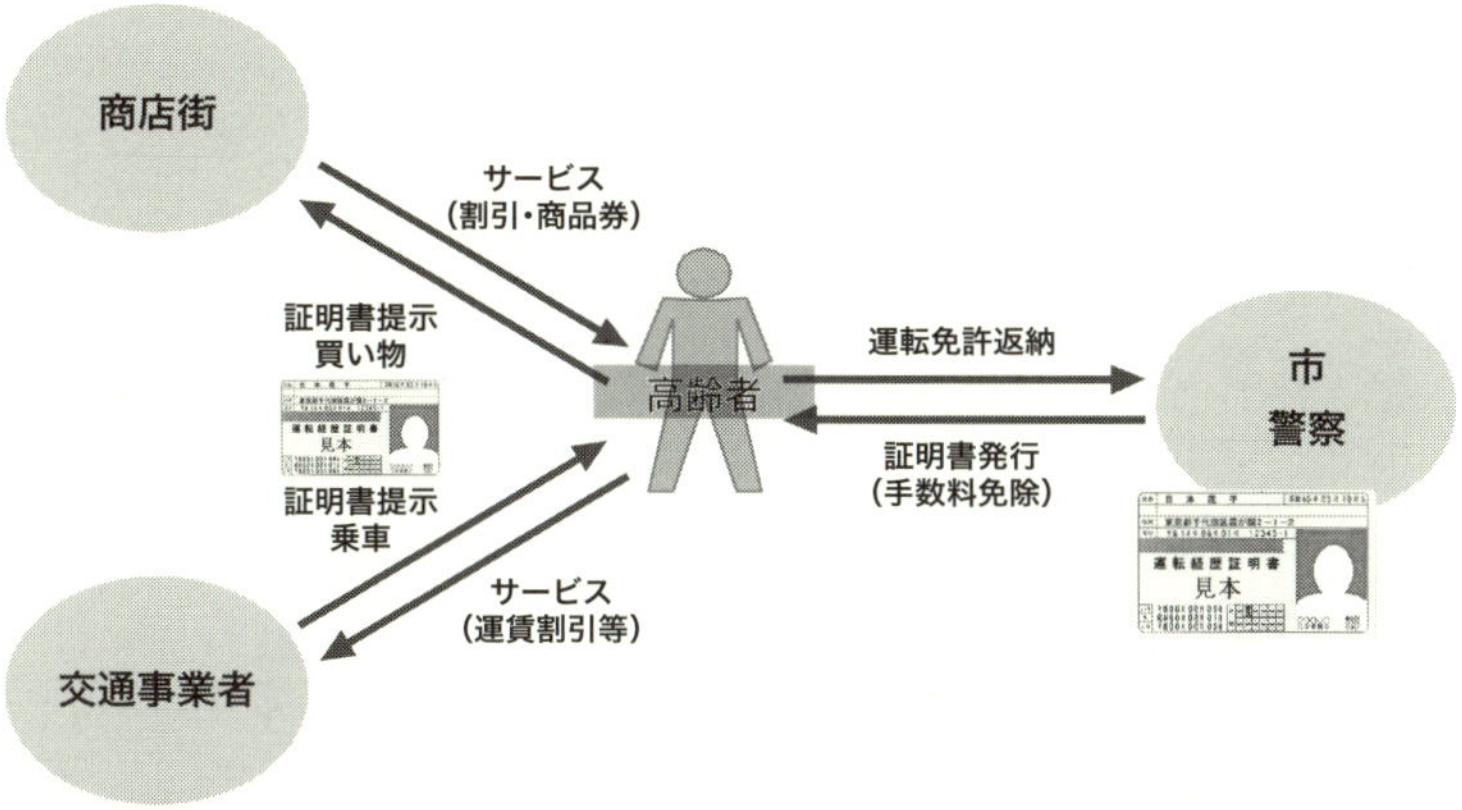

図表2-8-3　連携事業の例②：高齢者免許返納による特典　　資料：筆者作成

都市	取り組み
富山県富山市 まいどはやバス	富山駅前と中心市街地を結ぶ周遊バス。 中心市街地で買い物をすると、共通乗車券がもらえる。
岐阜県岐阜市 柳バス	15 分に 1 本の頻度で岐阜駅〜中心市街地を周遊。柳ケ瀬周辺で買い物すると乗車割引券がもらえる。
三重県いなべ市 農事組合法人 うりぼう	駅舎で地元特産物などを販売する農事組合法人。 購入金額 500 円ごとに 1 ポイントがもらえ、20 ポイントで 500 円分の買い物券と引き換えできる。
広島県広島市 マダムジョイ	広島電鉄グループの商業施設。 同施設で 3000 円以上の買い物をすると広島電鉄全線で利用可能な乗車券 150 円分がもらえる。
高知県 土佐清水市 高齢者免許返納 による特典	交通安全協会土佐清水支部では、運転免許の返納を証明する「運転経歴証明書」の発行手数料を負担する。また、返納者に対して、地元商業施設の商品券を配布するとともに、加盟店での割引サービスを提供。運転経歴証明書を提示すると定期券の割引をうけられる。
神戸市 国土交通省による実証実験	公共交通機関で来訪したことを示すスタンプを提示すると、中心市街地で 5000 円買い物すれば、500 円の割引券がもらえる (その他サービス提供を実証実験として実施)。

図表2-8-4　各都市での連携事業取り組み事例

土地開発事業の再生

期待需要の喪失 ―郊外でなくなったバブル期以前の住宅開発需要

東京圏においては、1995年以降、都区部から転出する人口が急激に減り、伸びきった首都圏前線が急速に縮小した。都区部から転出してくる人をあてにして開発された1985年以降の郊外の大規模な住宅・宅地開発は、軒並み苦戦を強いられている。一方で都心部は超高層マンション、大規模複合開発が1990年後半から急速に発展した。2006年においても計画が目白押しである。そして地価動向が2極化して回復エリアと下落エリアに別れ、郊外開発地では買い手もいなく地価下落が止まらないところが出ている。90年代に実施された全国一律の土地利用規制緩和は、結果的には都心と郊外ターミナルにおいてその効力が現れ、新規ビジネスを生み、一方の郊外は再生ビジネス期待となった。

実は、90年代前半から半ばにかけて開発プロジェクトの撤収・縮小・継続の判断が迫られた時期があった。これは地価の急落が原因である。ところが1995年頃地価下落が一段落したことも手伝って、プロジェクト継続を判断した事業主体が多かった。その後、地価下落が続くとともに、期待需要が激減して泣きっ面に蜂、となった。見直し時期の先延しが傷を深くした。なおあるプロジェクトが困っている場合はその周辺に同様なプロジェクトがいくつかある。プロジェクトが倒れるというよりもエリアが倒れるという現象になりつつある。

土地開発事業の典型的な4タイプ

土地開発事業の成否のほとんどは、立地条件で決まる。事実90年代後半からは、東京から20㎞圏内の開発事業は目白押しである。駅前の大規模複合開発、工場跡地などのタワーマンションなどは90年代の土地規制緩和の恩恵を受けたもので、プロジェクトとしては順調に売り切っている例が多い。また、この20㎞圏内では、老朽化した分譲マンションも、容積率を2倍強にして、保留床を売却して居住者の負担がゼロでも建替えが可能な例も多い。距離という絶対的な尺度で恩恵を受けている都心エリアは、土地規制緩和の効力を、首都圏需要を吸引することで実現している。

では郊外エリアはどうか。50年代から80年代にかけて住宅・宅地が大量に供給されたが、そのエリアは概ね東京から見て20㎞から70㎞にかけてである。まだ売れ残っている住宅・宅地もあるが、2006年前半でも戸建て建築中のところも多い。最も困った開発事業は、85年頃以降に着工され、現在でも工事中または販売中の案件である。

このように、土地開発事業は、立地条件と時代の需要によって大きく異なる。2006年前半においては、都心居住需要の拡大という人口移動状況を背景にして、①都心部の超高層マンションと大規模複合開発の進展②高度成長期に開発された大規模住宅・宅地開発事業内での売れ残り宅地の供給促進③80年代後半から着工又は計画された大規模住宅・宅地開発事業の不良債権化、の3タイプが典型といえる。さらに今後の注目は、駅前2次開発である。郊外では特色のある駅前2次開発が要請される。

売れない土地区画整理事業の再建策（すでに工事着手している事業の再建）

では郊外の、売れない開発事業をどうするか。これは郊外自治体が抱える大きな悩みである。事業主体は、組合、自治体（住宅供給公社や土地開発公社を含む）、都市再生機構とあるが、一部で実施されているたたき売りは別として、次のような再建策がある。

①事業費削減：移転補償費、工事費、金利を削減する。特に移転補償費は影響が大きい例が多い。
②土地評価額見直し：従前評価額と従後評価額を時価に合わせて評価替えする。
③土地利用の見直し：想定利用主体と想定利用用途と想定容積率を実需に合わせて変更する。
④土地処分方式の多様化：割賦分譲、借地、地代の売り上げ歩合方式、購入主体としてのSPCなどの容認、手続き簡素化を進め、購入者のニーズに近づける。

ただしこうした再建策は、地価下落途上では実行しにくいのが実情だ。評価替えしてもさらに下落するのでは意味が薄いからだ。ただちに実行すべき場合は、土地利用主体が現れた場合か、金利負担が大きすぎる場合に限られようが、いずれにしろ、たたき売りに近づく。金利負担が大きくない場合は地価下げ止まりを待って実行することが現実的となる。

今後、法人による高容積の土地への法人需要需要は郊外においてはもはやない。あっても一部の例外のみであろう。法人から個人需要の結集へとシフトし、いわば小口需要をまとめあげる作戦が望まれる。地元通勤者の戸建て住宅需要は健在だし、そして地域資源を生かした××ツーリズムは暫定利用として活用できる。

21世紀型土地開発の条件と原理——土地の起業に向けて

20世紀型の土地開発は、すでに確立されている需要をいかに新しい需要主体に売るか、が眼目であった。そこでの土地開発の原理は、①職住分離と職住遠隔化 ②開発分譲 ③プロジェクト重視の三つが大きなものであった。21世紀型の土地開発は、新しい需要を作りながら、次の原理に立脚するものであろう。①職住複合と職住近接化 ②修景経営 ③エリア重視。特に地方圏や郊外は21世紀型土地開発を目指さねば開発は実現しないといっても過言でない。そこで、地方圏や大都市郊外では「土地の分譲」ではなく「土地の起業」という発想が重要となる。具体的に何が違うのだろうか。第一に土地の需要家となる開発者は大手企業すなわち全国展開企業ではない場合が多い。というのは、大企業は既存の事業モデルを実現できる条件を備えた場所を選択するのであって、場所を所与として考えることが少ない。第二に最終需要家は、法人ではなく個人であって個人をいかにまとめてあげることができるかにかかる。第三に敷地単独で開発需要を作るのではなく、エリアとして開発需要を作る必要がある。

この三つは、どのようにして、実現できるのであろうか。

まず、土地の開発が起こる過程と、今後の修景経営とエリア重視を考えるならば、開発は地権者参加型となる。これは合意形成を条件とするから、発意者が鍵を握る。その上で、新しい需要を作るわけであるから、土地の条件、つまり、歴史と周辺の資源を生かすことが必須である。要は、ステレオタイプ開発では、地方圏ほど、郊外ほど失敗する。逆説的だが、大都市はステレオタイプ開発でも売れる。

新しい個人需要のまとめあげで土地需要を作る

実際、新しい最終需要家を作ることは容易でない。そこで、例を挙げて、可能であることを示そう。

大都市圏の郊外でスポーツツーリズムのメッカが出始めている。代表例は利根川河口部に広がる波崎であろう。天然芝のサッカーコートが１００面近くあり、首都圏の高校、大学、社会人が合宿を張ったり、アマチュア大会に参加して、活況を呈している。スポーツマネジメントという会社が大会を主催して多くのチームを集めていることも活況の要因である。年末に裏高校総体とでもいえる高校サッカー大会を開催して全国から高校サッカーチームを集めている。この例は、利用テーマを設定し、個人需要をまとめて集客し、地域の土地需要を創出している。デベロッパーにあたるのは地域の旅館である。地元事業者と専門分野のソフト会社が提携して、需要の乏しい土地に全国から人を集めて成功している。

もう一つ。アクアライン対岸に位置する木更津で東京湾随一の干潟「盤洲」と古代漁法を活用して、教育ツーリズムや市民漁師町を目指す試みが始まっている。ＮＰＯ里海の会が主導して、干潟観察会、体験すだて、のり製造体験などのイベントで多くの人が集まっている。この例も、地元の歴史と自然を活用して個人の需要を創出し、多くの同好の士を集めている例である。近傍で大規模な区画整理事業も進められており、今後地元資源活用による固有の魅力を持つ土地開発が期待される。

以上のように、地元の資源を活用し、地元の事業者が地元の立地条件にふさわしい新しい土地開発を提案して、新しい個人需要家を全国からまとめて集める試みが「土地の起業」の力強い例である。

土地開発を促進する行政投資

土地の起業を促進するには、行政投資も必要となる。ハードの投資と規制変更などのソフトの政策出動であり、とりわけソフトの政策出動が不可欠である。既述のアマチュアサッカー拠点となっている波崎では、サッカーコートを整備する土地が農地である場合もあって、その扱いには独自の政策を出動させている。木更津の盤洲でも、漁師、自然保護市民、自然体験希望市民、そして行政との調整は大きな仕事である。このように、これからの、地域の特色を発揮する土地開発に当たっては、新しい行政投資が求められる。いわば、成長型社会資本にとってかわるコンパクト型社会資本とでもいうべきもので、歩道、回遊路、休憩施設、器具倉庫といったの小さなハード施設と、合意形成、費用負担や土地利用のルール形成などのソフト政策が重要となる。

理念として、今後の土地開発を促進する行政投資を提示するならば、次のように言うことができる。地域経営プログラムとコミュニティセンタープログラムを一体化して、地域ごとに推進する。自治体が提供すべきことは、合意形成支援、個人需要のまとめあげにあたっての実験支援、共有財形成のためのインセンティブ、土地開発に際しての開発利益還元ルール提示、であろう。ここで言う、地域経営プログラムとは、地域の住民、生産者、来街者が、目標とする地域像を計画し実現するためのプロセスを管理するもので、コミュニティセンタープログラムとは近隣センター、まちなか、展望・展示施設といった地域が共有すべき活動拠点および空間の整備の内容とスケジュールと費用負担をいう。

敷地の市場価値へ転化される地域の価値

土地の開発では、典型プレーヤーとしては地権者、デベロッパー、テナント、金融機関、そして規制・誘導を指導する行政の5人が登場する。従来は、地権者が売却したい土地で開発が起こった。今は売却したいと思っても開発が起こらない例が立地条件の良くないエリアで増えている。それは既成の需要と既成の開発モデルに当てはまらないだけであってむしろ新規で固有の開発を要請されているわけである。そうしたエリアでは、開発に参加する地権者、既成の需要をあてにするデベロッパーではなく新規の需要を開発するデベロッパー、地域で事業を展開するテナント、起業に前向きに取り組む地域銀行や自治体がスクラムを組まないと開発は進まない。

こういうスクラムはいわゆるキーマンの存在に依存することが多く、キーマンが地域にいるかいないかは偶然に左右されると考えられている。しかし、果たしてそうだろうか。キーマンが活動していることは、地域がそれを認めていることでもあるから、地域がキーマンを育ててもいる。そしてキーマンはいつ取って代わってもよいと考えれば、キーマンの負担は軽減される。そういうことを促進するソフトはあるだろうか。

それは地域の価値を敷地の市場価値へ転化するソフトであろう。具体的には、歩いて疲れない範囲で快適な空間がつながり、歩いて創造を刺激され、話して楽しい人が働いたり住んでいることが地域の価値を形成している。1店のみが栄えている商店街に価値が薄いように、一つの超高層マンションのみに人の出入りがある駅前も価値は薄い。

地域の価値の形成とともに歩む土地開発へ

今後地域の価値が重視される。地域の価値が敷地の市場価値へ転換されるのである。収益還元地価は敷地の収益で計算されるが、敷地の収益は、周辺エリアの収益と一体である。そういうことに、地方圏ほど、郊外ほど、気づかざるを得ない事態になった。既成商品、既成事業モデルが通用しないから。地域の価値とは既成ではないということである。

では、土地開発の今後のあり方を理念系として述べてみたい。

①土地利用コントロールと開発負担の武器としては、地区計画とまちづくり協定が有力である。この二つは、自治体が提案することもあれば、地権者さらにはデベロッパーも提案が可能となるであろう。これらによって地域で目指す環境水準と負担ルールを共有することができる。

②容積割り増しをインセンティブとしてきた20世紀型開発は、地方圏や郊外では成立しないばかりか、地域の価値を損なう恐れが大きい。需要総量を一つの敷地のみで吸引してしまう恐れがあるからだ。よって、21世紀型開発は、容積に取って代わるインセンティブが必要となる。合意形成による報酬は、委託料と固定資産税の減免で応える方策を提案したい。

③地域の歴史に活動のスタイルや内容、そして地域の空間形成のヒントを求めるほかはない。東京や海外にヒントを求めている限り二番煎じであり、飽きも早い。

コミュニティ資本主義への修正

「ゲーム」ではなく「リアル」な修正

資本主義とは突き詰めれば、マネーの生み出す収益を最大化するための仕組みと、その追求を良しとする考えだと言えよう。この資本主義は、「市場の失敗」として知られる欠陥を克服しなければならないが、我が国においては「修正資本主義」と呼ばれるその改良形が、戦後日本の成功モデルとして評価されてきた。過去の成功に厳しい目を向けることは、常に必要なことではある。現在、この日本の成功モデルを、頭ごなしに否定しなければならないかのような風潮が蔓延している。果たしてそうだろうか。「ゲーム」のように勝ち組・負け組みの選別に一喜一憂する経済が、本当に活力の源泉になるのだろうか。グローバル化と地方分権の流れの中で豊かさを実現するには、共有する地域の豊かさと、「ゲーム」ではない「リアルな」支え合う資本主義が有効だ。処方箋は、担い手（供給者）と市場（需要者）を、「価格」を超えて結びつける「コミュニティ」にある。真の豊かさを実現する新しい資本主義「コミュニティ資本主義」。地域を支える未来がそこにある。

生活の豊かさを実現・継続するシステムを

「コミュニティ資本主義」に対立する「グローバル資本主義」。バブル以降、地域経済はこのグローバル資本主義に翻弄され続けてきた。短期的な利回り・配当・コストパフォーマンスを求めて、資源と資金が何の制約も受けずに移動する。しかし、右肩下がりの社会・経済状況では、大都市や少しでも活力ある国・市場に人材や資金が集中するのは当然のこと。流出する地域は「自己責任」と言う名の下、切り捨てられ、致命的なダメージを受けてきた。地域の若者さえもが、投資先・就職先が不足していることを理由に、ふるさとを顧みず、より高い給与を追い求め続け都市へと流出。この結果、担い手としての労働力がまずいなくなり、ついには生活者さえもがいなくなる。そしてその結果、国として最低限果たすべき所得移転・調整の必要すら誰も語らなくなってしまう。

これまで、このような地域間格差を是正する役割は、資本主義の外部システムである政治が担ってきた。しかし、今後これに期待するのは健全とは言えまい。それ以前に、株価に一喜一憂する市場頼みの生き方に、真の豊かさを語る資格があるだろうか。我々はゲームに狂奔するあまり、生きる実感を失ってはいないか。経済・社会システムの目的は、豊かさの実感とその継続である。システムは手段であって目的ではない。大切なものは手段か目的か、答は明白である。

地域の持続的発展を支える参画型社会へ

コミュニティ資本主義は鎖国政策ではないし、地方交付税交付金の財政調整機能を代替・補完するものでもない。地域の財・サービス、労働・雇用、金融・資本、この三市場の流動性を高めることが、コミュニティ資本主義の目的であり効果である。もともとグローバル資本主義の至上命題である、コストパフォーマンス、賃金、利回り・配当といった指標は、市場の流動性を最速・最大化するためのツールとして発明されたものだ。戦後の日本は、このツールを自己流に修正しながら成長を続けてきた。しかし、現在、我々はこれまでの経済成長によって蓄積された資金の国内での投資先を見失っている。高等教育を受けた人材は起業家精神に乏しく、その多くが投資先とはなり得ない。この結果、資金と人材は巨大かつ使途不明確なファンドにプールされることになった。ファンドは利回りを優先する。資金を提供する者が本当に投資したい地域・モノに投資するわけではない。自己責任と自立が求められる今、地域で生きる者として、より顔の見える投資とは何かを真剣に考えるべきである。

地元還流しない個人金融資産

世界最大の債権国家・日本。それなのに国内では唯一「資産家」であるはずの経済主

グローバル資本主義	コミュニティ資本主義
財・労働・金融各市場の最適配分は、多国籍企業の世界戦略で決定。利回りを追求して生産手段（労働・資本）が常時・流動的。	域内の資金とサービスニーズが雇用を維持・創出し、地域の生活・経済活動を持続させる。豊かさ、安心を重視する人と資金が地域に環流。
投資家利益と、生産および雇用の場である地域への貢献は独立。	投資家利益と、生産および雇用の場である地域への貢献が不可分。
市場における匿名性と効率性が不可分。	顔の見える経済活動が中心。

体「家計」が、「豊かさ」を実感できない。その理由は、資金を供給する者の足下で、「豊かさ」の実感に繋がる投資が行われないことにある。

東京や福岡などを除くほとんどの都道府県で資金需給のミスマッチが生じ、預金と貸金のバランスを表す預貸率（貸出金÷預金）は低い水準にとどまっている。一方、内外金利差を反映して民間資金の海外シフトが顕著である。個人金融資産が安心して地元還流するための「魅力的な」投資先の創出と、これによる預貸率の底上げこそが、内需主導という日本経済永遠の課題を解決するはずだ。

地方分権上のグローバル資本主義

アメリカ流資本主義はグローバル資本主義、弱肉強食の市場原理優先のシステムといった見方は、この大国の一面的な見方である。「地域再投資法（ＣＲＡ）」や「コミュニティ開発法人（ＣＤＣ）」など、地域内資金循環を通じた地元の経済活性化や生活の豊かさを向上させるための仕組みについても先進国である。

民間金融機関も地域内資金循環に取り組んでいる。仏・ベルギー系の大手金融グループであるデクシアは、欧州を中心に自治体向け融資を数多く手がけ、自治体の財務状況改善にも貢献した実績を有する企業である。企業の目を通して選択肢が広がるのは、それだけで良いことであるし、融資条件改善のインセンティブとなるような競争は、地域経営の領域を広げるとともに、事業の必要性に対する真剣な問いかけを促すものである。「持続可能な成長」。デクシアの想定商品とされる期間40年の超長期ローンなどでは、単体の事業採算よりも、地域力すなわち地域への愛着やブランドといった無形資産と、これを活用する戦略や人材が重視されている。効率化の追求だけではない。自治体の長期成長戦略・経営戦略が、グローバルなマネーを自地域に呼び込むのだ。

コミュニティのための投資案件

国内金融資産の最大保有層である高齢者は、将来の不安への備えとして預貯金を中心とする運用姿勢を大きく変えようとしない。しかし、地域ファンドやミニ公募債など通して彼らの資金を活用することは地域経営者の戦略として欠かせないものとなるだろう。

そもそも日本人が貯蓄する目的とは何だろう。金融広報中央委員会は毎年「家計の金融資産に関する世論調査」を行っているが、これによると、この10年間「貯蓄の目的」として抽出世帯が回答している答は不変である。1位「病気・災害への備え」（回答率約70％）、2位「老後の生活資金」（同約60％）が、3位「こどもの教育資金」（同約30％）を大きく引き離している【複数回答】。これらの項目は、いずれもコミュニティが健全に維持されていれば、ある程度リスクを吸収できるものばかりである。つまり、コミュニティ、地方の真の「豊かさ」を維持・向上する投資案件と、その地のサポーターである住民・出身者・観光者を結びつける金融商品は有利な条件で組成できるということにはなりはしまいか。

先日、中華街の重鎮から「無尽（むじん）」の話を聞いた。毎月掛金10万円の無尽講を20人で始め、春夏秋冬年4回集まるとする。1回当たり600万円の資金について、入り用の参加者が落札、落札者への支払いと集会の飲食代を除いた額を頭数で均等に割って配当となる。資金需要が無ければただの宴会となるし、安値落札なら高配当となる。極めてシンプルなこの仕組みは、参加者の資金需要とキャッシュフローとのバランスを発起人がどう理解し、アレンジするかにかかっている。沖縄にも「模合（もあい）」と呼ばれる同様のシステムがあり、互助的な組織から単なる飲み会の口実となっているものまで、多数運営されコミュニティを強化している。リスクの無いところに配当はなく、リスクがあれば不測の事態（事故）も生じる。無尽も、右肩上がりの経済成長のなかで、大規模化しポートフォリオによるリスク分散と高利回りの両立を目指す歴史を辿っていく。現代は、無尽の発起人（親）ではなく、トレーダーのセンスやブランドに資金が集まる。しかし、内発的な地域活性化がコミュニティ維持につながることが明白な今、地域の資金需要は掘り起こしてでも支援する必要がある。その調達を担うコーディネーター「発起人」が重要なのだ。個人の金融資産を地域内に再投資させ、内発的で持続的な発展に結びつける。そのためには、コミュニティバンキングを担う金融機関とバンカーの存在が有効だ。彼らには明治維新後のバンカーがそうであったように、産業の目利きと投資家への説得者として活躍してもらわねばならない。

古くて新しいコミュニティ資本主義の戦略

コミュニティ資本主義を地域の再生に活かすための戦略は、大きなパラダイムの転換を前提としたものではない。コミュニティを健全に保つための取り組みの多くは、そもそも我が国の先達が取り組んできたものばかりであり、我々日本人には文化の一部となっているものが多い。

「健全なる精神は健全なる肉体に宿る」という詩人ユウェナリスの言葉は、本来は心身共に健康であれと祈る大切さを指摘したものであった。今、健全なる地域での生活を維持するための健全なるコミュニティの創出と、そのための投資が欠かせない。

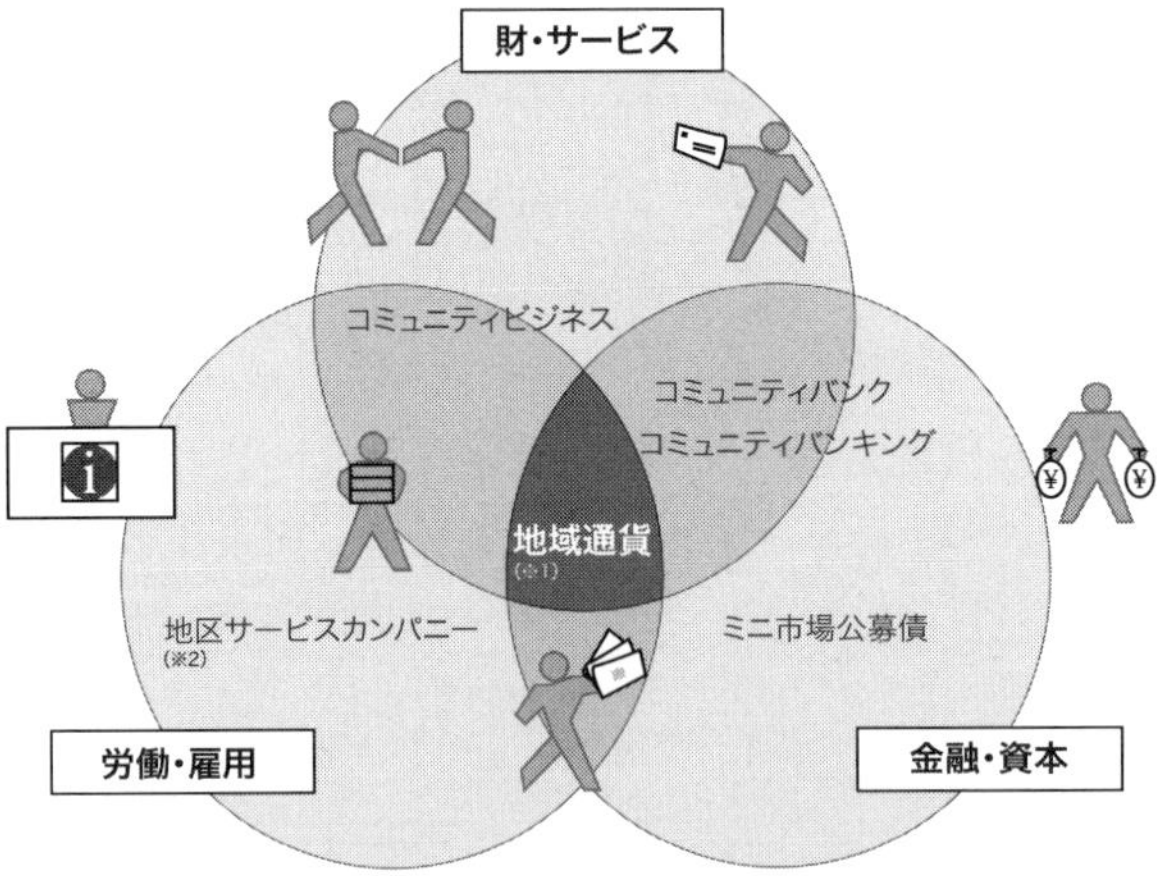

※1　地域通貨＝特定の地域内、あるいはコミュニティ内において限定的に流通する通貨。
※2　地区サービス会社＝当社が提案する、住民出資による公共サービスの既存行政からの移行会社。

■インタビュー■

「エコ貯金プロジェクト」

国際青年環境NGO「A SEED JAPAN」事務局 木村真樹事務局長／土谷和之氏に聞く

国際青年環境NGO「A SEED JAPAN（青年による環境と開発と協力と平等のための国際行動）」は、1991年10月に設立された日本の青年による国際環境NGO（非政府・非営利組織）。このNGOが現在行っているプロジェクトのひとつに、「エコ貯金プロジェクト」があります。「口座を変えれば世界が変わる」。自分たちの預金の投融資される先にこだわることで、平和と環境保護にコミットしていこうとする彼らの行動は、コミュニティの維持を目的とするNPOへの資金供給の必要性を訴えています。事務局長の木村真樹氏（当時）と、三菱総研社員であり、このNGOの活動に奔走する土谷和之氏に、現在の取り組みや課題についてうかがいました。

――A SEED JAPANは、「3億円のエコ貯金アクション」や金融機関への提言、フォーラムやセミナーなど精力的に活動していいます。「地域の資金を地域で回す」という、このコミュニティ資本主義についてどうお考えですか。

木村　現在の市場環境や金融機関の経営状況からすると、貸したくてしょうがないのが普通だと思いますよ。地銀や信組・信金だって貸したくてしょうがないし、できれば地元で投融資したい。ただ投資先がないというか、地元の資金需要が見えないためにしょうがなく国債で運用しているというのが実情だと思います。

――一度大きなプールに資金が集まってしまうと、後の配分というか、出口のところの投資評価がすごく難しいですね。両極端に振れるというか。全員が勝ち組の配分になる旧来型か、貧富を拡大するような優勝劣敗のどちらかになる。その原因は、市民と金融機関の情報量・質の差にあるのではないでしょうか。

土谷　A SEED JAPANは、市民の預金投融資先への関心を高めるだけでなく、金融機関にはCSR（社会的責任）喚起のための啓発活動を行っています。市民と専門家の間をつなぐというか、両者の情報の非対称を解消する役割を果たすべく活動していることでしょうね。環境や平和など問題意識が共有できる社会問題も金融という切り口からネガティブ・スクリーニングを実施し、望ましい方向へ誘導していくことが必要です。それが、金融の本来の機能である公的な側面だと思います。

――既に人口減少社会に入り、総体的に見れば再投資のためのファンドは先細りとなります。将来への不安から、タンス預金してしまう高齢者も少なくありません。ますます投資のための資金源が減少する状況です。

土谷　地域にも資金需要はあります。環境や福祉などを手がける市民活動などに融資する小規模の非営利金融組織として「NPOバンク（金融NPOと呼ぶ場合もある）」も、東京都の「未来バンク事業組合」を皮切りに、全国各地で設立されています。

木村　私も東海地域を対象に、コミュニティ・ユース・バンク「momo（モモ）」というNPOバンクを立ち上げました。投融資先の選定に出資者の声が反映されていると感じられようにするには、若干対象範囲が広すぎるかなとも思っています。人口規模で1万人程度のコミュニティが、資金需給から見て効率的で継続的な運営ができるという見方もありますね。この範囲で何ができるか、考える価値はありますね。また、資金需要の見極めは大事で、ｍｏｍｏでも資金ニーズの量と質（条件など）に関する事前調査を実施しています。ただ、現在の枠組みではこのようなコストをすべて自前で負担しないとスタートできない。

――　ＮＰＯバンクの存在意義は、既にＮＰＯローンを実施している金融機関との差別化にある訳です。コストを金利に上乗せしていては差別化が難しくなりますよね。ＮＰＯバンクに参加する投資家が利回りを優先しているわけではないとはいえ、一般金融機関と同じコスト負担を求めては、そもそもバンクとして成立しなくなります。資金供給者もＮＰＯバンクも、地域の借り手も、ＮＰＯバンクの良さを実感できなければいけませんよね。

土谷　その通りです。法制上ＮＰＯ法人自体が出資を募ることができないので、民法上の組合を別途設立して、組合員から出資金を募り、その出資金を融資組織（任意団体やＮＰＯ法人）に出融資し、それを原資として融資する場合が多いのですが、改正証券取引法により、民法上の組合の出資持分についても、みなし有価証券とされることになりました。特に50人以上に対して募集を行い、かつ1年間に1億円以上の出資を受けた場合には、有価証券届出書および同報告書・目論見書による継続開示、公認会計士による監査が必要なんです。これらは過大な事務・経済的負担であり、ボランティア精神だけで吸収することは不可能です。

――　投資家保護のために必要なコスト負担は、それぞれの投資家が何を優先しているかによって決まるものでしょう。これからの地域の資金需要は、右肩上がりではない産業にこそある。これらへの資金供給を促進したくても、うまく地域の資金が地域で循環しなければ、持続可能な地域のための産業に資金が供給できません。市民の力がどうしても必要ですよね。

土谷　金融庁は、「金融改革プログラム」のなかで、金融機関の社会的責任（ＣＳＲ）に向けた取り組みの促進を掲げていますから、ＮＰＯバンクへの出資は、証券取引法や投資サービス法の対象外とするなど、政策の整合性を担保してもらいたいと思います。

木村　資金ニーズに近い存在であるＮＰＯバンクが地域の資金循環で重要な役割を担うべきと考えています。

――　人と人とのつながりを大事にする銀行家（バンカー）が必要です。将来的には、少子高齢先進国におけるコミュニティ資本主義のモデルケースとして、グローバルマネーのローカルへの投融資モデルになることを期待します。まずはこのような役割を担うＮＰＯバンクや、ＮＰＯローンを実践する信組・信金の重要性を、市民の方に理解してもらうことが大切です。そのためには、Ａ　ＳＥＥＤ　ＪＡＰＡＮのような広報・啓発活動が重要ですね。

第3章

産業を再生する

豊かさへ向かっての持続的前進

産業支援・研究開発型NPOによるネットワーク型産業振興

「経済主体」としてのNPOへの期待

2001年度経済産業省産業構造審議会内に設置されたNPO部会が取りまとめた「『新しい公益』の実現に向けて」で、NPOは「新しい経済主体」とされ、経済活動の新たな軸として捉えられている。20世紀は行政主導による福祉国家建設が目指されてきたとしたうえで、「いまや経済社会の成熟に伴って、個人の価値観が多様化し、行政の一元的判断に基づく上からの公益の実施では満たされなくなってきており、公共サービスの民間開放、地方分権の進展、行政プロセスに対する評価・モニターの動きなどを背景に、官民の役割分担の見直しが行われ、民間企業や個人と並んでNPOの役割が重要となりつつある」とされている。

産業支援・研究開発におけるNPOへの門戸開放

これまで日本において産業支援や研究開発の分野は主に公共部門や一部の限られた研究機関・金融機関の役割とされてきた。しかし、公共部門における財政制約が逼迫してゆくなかで、産業支援や研究開発のあり方が問われており、また、各地域の特色ある産業集積を活かした新たな技術開発・新産業創出とこれをコーディネートする担い手の重要性も高まっている。

経済産業省がＮＰＯの役割に注目し、「新しい公益」を担う存在としているのも、産業支援や研究開発の効果的な推進のためにＮＰＯが果たす役割が重要であると認識したためであるものと考えらる。折しも、ＮＰＯ法人格要件に従来の12項目に加え、「経済活動の活性化」や「科学技術の振興」など4項目が追加されたのを契機に、実際に産業支援や研究開発を担うＮＰＯ法人が登場しいる。今後も、行政サービスの補完・拡充だけでない、地域振興に向けたプレーヤーとしての重要度は増してゆくものと考えられる。

産業支援型ＮＰＯ・研究開発型ＮＰＯとは

本稿では、産業支援活動を主に行うＮＰＯを産業支援型ＮＰＯ、研究開発活動を主に行うＮＰＯを研究開発型ＮＰＯとする。いずれのＮＰＯにも明確な定義はないが、その活動内容を見ると、産業支援型ＮＰＯとは、「ベンチャービジネス、コミュニティ・ビジネス、地域の中小企業などの事業や経営をサポートすることを目的とするＮＰＯ法人」と定義できる。非営利活動の分野としては、その意味合い上、経済活動の活性化を図る活動を目的とするＮＰＯ法人が該当するだろう（図表3‐1‐2参照）。

一方で、研究開発型ＮＰＯは、「大学や研究者等が主体となり、資金の公正・透明性を確保しながら、高度な研究開発を実施、研究開発成果の活用を目的とするＮＰＯ法人」と定義される。非営利活動の分野としては、その意味合い上、科学技術の振興を図る活動に合致するＮＰＯ法人が該当する（図表3‐1‐3参照）。

産業支援型NPO　事例1

NPO法人シーズとニーズの会（東京都）

1）活動目的と活動内容

新規事業創出を目的として、地域や業種を越えた企業の研究、交流の場として、交流会（年10回以上）、セミナー（年1回以上）、企業訪問などの実務的集会（年数回）を実施している。単なる異業種交流会としてではなく、全員参加型、双方向通信、現場重視を基本的な考え方として、実務的、実践的な活動を1991年から開始している。会員は、全国で100社程度の企業会員が中心である。企業会員の業種は、素材関連企業が中心である。全体の3分の1が大手企業であり、中小・中堅企業がそれ以外を占めており、中小企業と大企業が混在している点が特徴の一つとなっている。

2）産業支援型NPOとしての活動

異業種交流や創業支援につなげることを目的とした「マッチングの場」を個人会員または会員企業を対象に定期的に開催することを主たる活動としている。その後の共同開発や資金支援などの具体的な経済活動については、基本的には、参加者または参加者が属する企業同士の責任のもとで行うような仕組みとしている点が特徴である。会員企業に交流の場を提供し、連携を促すための働きかけを行うことに徹しているのである。この「マッチングの場」は、会費や参加費などの最低限の資金をもって、非営利活動として開催されている。特定テーマの関連企業間の交流を促進することで、新たな企業間の連携を創出するとともに、結果として新たな技術の開発につなげる受け皿となっている事例といえる。

産業支援型NPO　事例2

NPO法人技術サポートネットワーク大分(大分県)

1)活動目的と活動内容

主に技術者OBにより構成される産業支援型NPOである。リタイア後も、地域の産業に貢献するというメンバーの意思や、個人として活動することの限界を勘案し、NPO法人とすべく、法人申請をした。具体的な活動内容としては、①ISO取得支援 ②中小企業に対する商品開発支援 ③中小企業間のマッチングによる新たな事業機会の創出 ④企業診断⑤工場運営に関するコンサルティング ⑥講習会・講演会などである。これらの事業の実施は基本的には、NPO法人のメンバーである、14名(主にメーカーなどの技術者OB)が担っている。

2)産業支援型NPOとしての活動

活動の特性上、一定の経験と知識を有する必要があるため、㈶大分県産業創造機構及び大分商工会議所の技術アドバイザーの認証を得ていることが参画の条件となる。中小企業の多くは、経営改善に向けて、何をして良いのか分からず、コストもかけられないことから、NPO法人として、「やすく」「はやく」「親身」に取り組みむことをモットーとしている。単独企業に対するコンサルティングのみならず、中小企業が有する技術のマッチングによる商品開発についても支援・コーディネートしている。今後は、公共からのアウトソーシングの受け皿となることで、大量リタイアを迎える団塊世代をはじめとした、地域の人材を有効に活用し、結果として地域産業の競争力強化に結びつけたいと考えている。

研究開発型NPO　事例

NPO国際レスキューシステム研究機構（神奈川県）

1）活動目的と活動内容

1995年の阪神淡路大震災を機に神戸大学のロボット研究者がロボティクス、人工知能などの研究成果を救助活動に活用することを目指して、趣旨に賛同する研究者が学会を通じて活動を開始した。NPO法人設立までは、「ロボカップレスキュー」の運営などを通じて、各研究者が自律、分散的に活動してきた。その後も、レスキューロボットや意思決定シミュレーションといった先端技術による災害対応技術の高度化と普及を目的として、研究開発の具体的なゴールを設定し、自律・分散的に活動する会員、研究者の連携を機能させることを中心に活動を行っている。具体的な活動としては、2002年から、大都市大震災軽減化プロジェクト（文部科学省が立ち上げた研究プロジェクト）の「災害対応戦略研究」のコア組織として、研究のマイルストーンとロードマップの策定などプロジェクトの取り纏めを行っている。

2）研究開発型NPOとしての活動

国や地方自治体が、多様化する社会の中であらゆる公共の利益に対応していくには限界があり、とりわけ少数の利害関係者しかいない領域の課題に、公共や特定の研究者だけで対応することは困難であると認識されている。研究者としての活動の場が、国・大学の研究機関か企業か、あるいは、大企業かベンチャーかという二律背反的になりがちな従来の組織の概念を超え、研究成果を社会的な成果につなげていくために、専門的な機関や研究者が有機的なネットワークを構築する受け皿となっている事例である。

ＮＰＯならではの優位性の発揮

先にあげた事例も含め、産業支援型ＮＰＯおよび研究開発型ＮＰＯは、ＮＰＯとしての優位性を活用して効果的に活動している。具体的には、①多彩な人材のネットワーク②個人の自発性と自己実現性③中立性に基づく調整・連携促進といった強みを活かしている。特に、多彩な人材のネットワークについては、マッチングの場を提供し新たなビジネスチャンスの創出につなげる産業支援型ＮＰＯはもとより、研究開発型ＮＰＯについても当てはまるものがある。多くの研究開発型ＮＰＯは、活動の対象とする地域は限定しておらず、むしろ、研究開発の対象とする分野や開発される技術の活用目的に沿って活動している。このような活動を進める上で、研究開発の対象となるテーマに精通した団体や人材を選定し、相互にコラボレーションしながら活動を推進することが、効果的に作用しており、企業同士では困難な、目標に向かった人的ネットワークの構築の形成の受け皿となり得る。つまり、両タイプのＮＰＯは、いわゆる「ネットワーク型の産業振興」の担い手となり得るのである。

ネットワークによる産業振興の可能性

各々のＮＰＯが果たす具体的な役割についてだが、産業支援型ＮＰＯは、中小企業の育成・指導による既存産業の振興・高度化に貢献するとともに、ベンチャー企業の育成・指導による新産業の創出に貢献する。また、起業家の創業支援、異業種間交流、金融機関とのマッチングにおいて重要な役割を果たす。

一方、研究開発型NPOは、研究開発成果を生かした創業支援による新産業の創出・雇用創出において重要な役割を果たすものと期待されている。また、NPO法人ならではの役割として、特定テーマの共同研究開発の場となり、技術の有効活用の促進や、研究開発成果の共有による既存産業の高度化に貢献している。

産業支援、研究開発型NPOは、その人的構成からみて、2タイプが存在する。各NPO法人の活動分野に関する専門性を有するリタイア層などが実務の専属要員として活動するタイプ（専属実務タイプ）と、各NPO法人の会員となっている個人が本業と兼務するかたちで活動するタイプ（兼務実務タイプ）の2タイプである。兼務実務タイプについては、各分野及び各業種、各企業において活躍する人材が、それぞれが有する知識・ノウハウ・経験を可能な限り共有し合うことで、各主体のみでは解決し得ない課題を克服している。一方、専属実務タイプについては、主にリタイア層が有する知識・ノウハウ・経験を地域産業の振興に活用している。彼らの活躍の場を提供するという意味からすれば、団塊の世代がリタイアを迎え、地域における労働力人口の減少が進展する今後、重要な役割を果たすだろうと予想される。

このように、産業支援・研究開発型NPOは、地域が有するシーズやポテンシャルの最大限の活用につながる重要なネットワークを形成する受け皿となる。言い換えれば、産業支援・研究開発型NPOは、「新しい公益」として、地域の産業振興の核となる可能性を有しているのである。

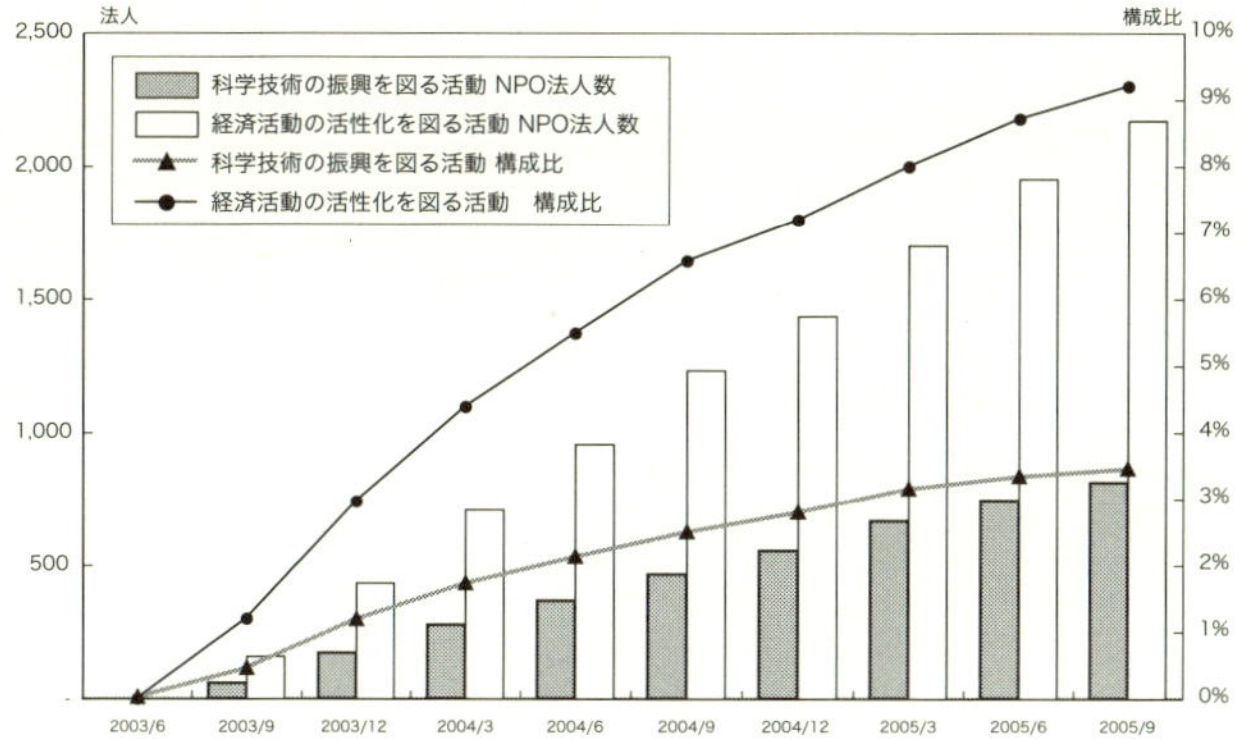

図表3-1-1　科学技術の振興、経済活動の活性化を図るNPO法人数の推移

資料：内閣府ホームページより作成

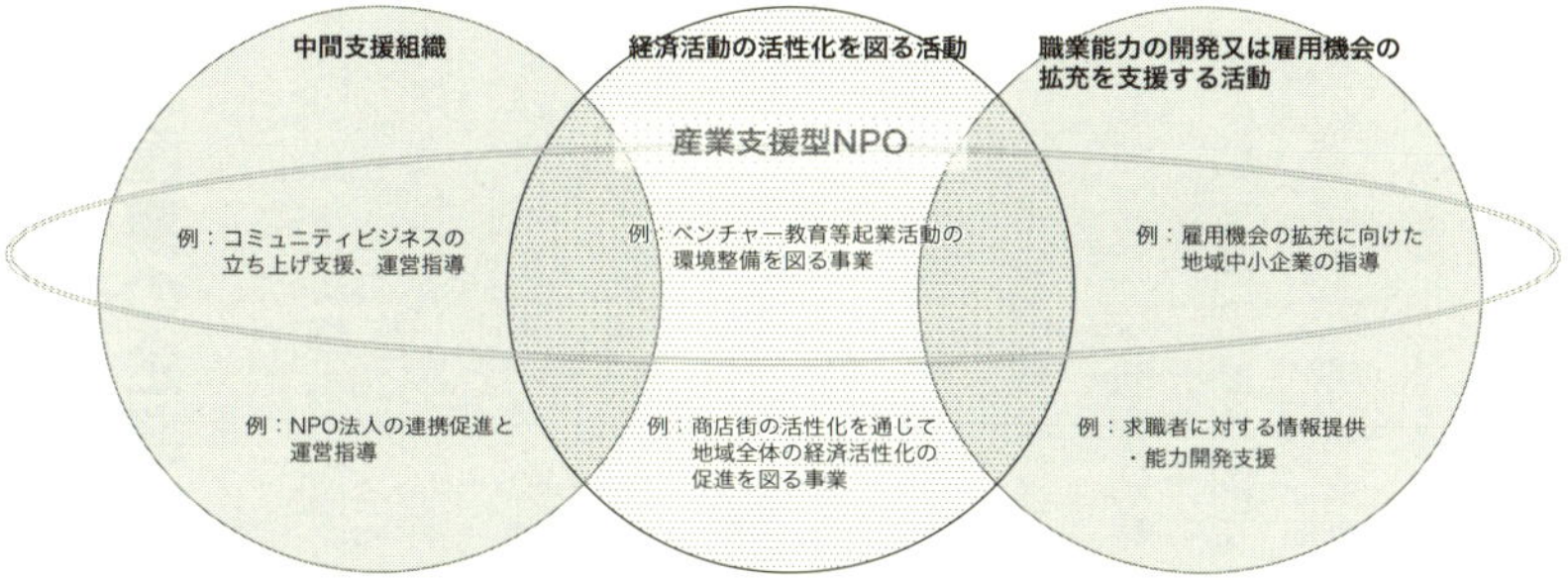

図表3-1-2　産業支援型NPOの活動イメージ

資料：㈶九州地域産業活性化センター「産業支援・研究開発型NPOの発展可能性調査報告書」より作成
※　上図内例示は産業支援型NPOの活動内容と特定非営利活動の分野との関係を示すものであり、必ずしも産業支援型NPOの活動のすべてを示すものではない。

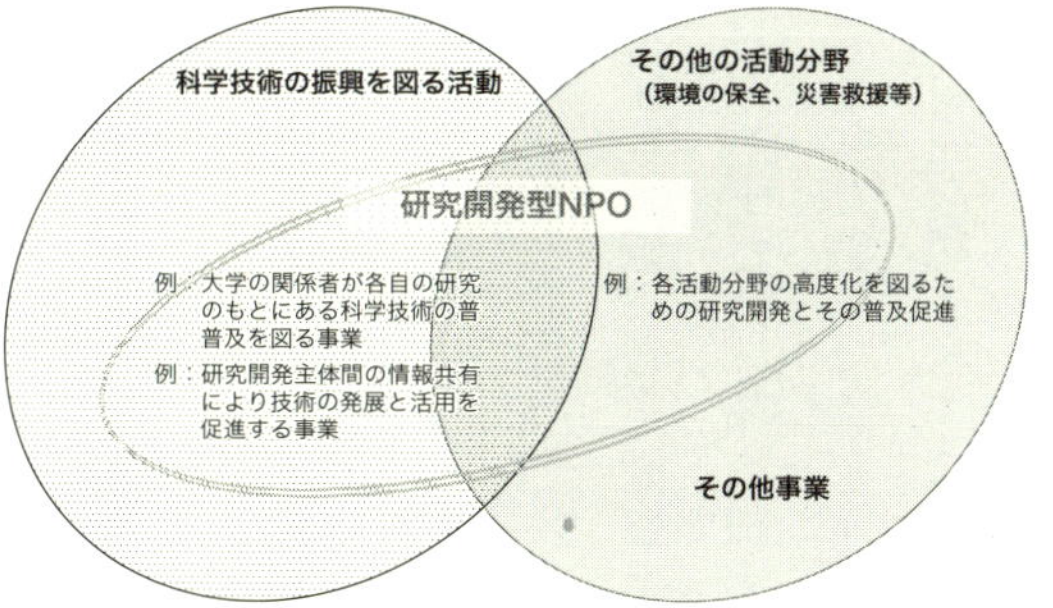

図表3-1-3　研究開発型NPOの活動イメージ

資料：㈶九州地域産業活性化センター「産業支援・研究開発型NPOの発展可能性調査報告書」より作成
※　上図内例示は研究開発型NPOの活動内容と特定非営利活動の分野との関係を示すものであり、必ずしも研究開発型NPOの活動のすべてを示すものではない。

価値創造型にシフトする不動産業の企業戦略

企業にとって「不動産」の持つ意味は、バブル経済が崩壊する過程で大きく変わった。その間に不動産市場と企業の経営環境の双方が構造的に変化したからである。企業は従来の延長線上で事業用の不動産を保有していれば良いというわけにはもはやいかない。不動産価値創造、つまりその不動産を保有すべきなのか利用さえできれば良いのか、また、現在の使い方で保有価値や利用価値を十分に引き出せているのか、さらに良い方法はないのか、その巧拙が企業の価値を左右しかねない時代が訪れようとしている。

不動産業は、不動産価値創造のために必要となる企業会計や税務、法務などの高度専門スキル、また企画提案力を含む総合力を駆使して、顧客である一般企業や団体の不動産保有価値、利用価値を向上させるビジネスを積極的に展開し始めている。従来の不動産賃貸業やディベロッパーという顔に加えて、事業コーディネーターやコンサルタントとしての新たな顔を見せつつある。こうした動きは大都市圏の大手企業が先行しているが、今後は地方都市の不動産業も価値創造型に企業戦略の舵を切るべきである。各地域の不動産業が、地域個性を生かした価値創造型の不動産を創りだすことが、都市・地域再生の推進力になるはずだからである。

バブル前後で不動産をめぐって何が変わったのか

２００５年１月１日の公示地価で大都市圏の地価にようやく下げ止まり感が出てきた。半年後の基準地価（同年７月１日）では下げ幅の縮小が一層はっきりした。東京都区部では１９９０年以来の地価上昇（０・５％）となったほか、区部の近接地域や大阪圏、名古屋圏、さらには仙台市、鹿児島市でも地価上昇地点が出始めた。これを機にバブル経済の形成と崩壊をくぐりぬけて企業の経営環境と経営戦略がどう変わったのか、不動産戦略に軸足をおいて整理してみよう。

日本経済は、戦後の復興期を経て１９６０年頃から高度成長時代に突入した。ドルショックと二度にわたるオイルショックを経験しながらも、日本型経営によって企業は世界一の競争力を備えるに至った。戦前戦後さらには高度経済成長時代に企業が取得した土地は何十倍にも値上がりしたが、会計基準となる簿価は低いままで、実勢価格との差である含み益は巨額の自己資産として蓄えられた。

バブルと呼ばれる土地と株の異常な高騰は１９８５年から90年にかけて発生し、わずか４～５年間で大都市の地価は約３倍に暴騰した。

加熱する不動産市場に対して、１９９０年４月から不動産融資の総量規制がはじまり、翌年には、地価税の創設、三大都市圏の市街化区域内農地への宅地並課税強化、土地譲渡益課税の強化など、土地の資産的有利性を抑える方策が実施されて、バブルの崩壊がはじまった。

92年１月から不動産融資の総量規制は解除されたが、地価は13年間下がりつづけた。企業の資産リストラにそれだけ時間を要した結果だが、ようやく総仕上げの時期を迎えて、地価はその利用価値に応じて東京都心部を中心に下げ止まりから上昇に反転する動きが鮮明になりつつある。

バブルの崩壊過程で、膠着した土地を流動化させるため、不動産特定共同事業法（注1）（1995年）、

年次		土地・不動産に関する動き	経済・社会一般の動き
1971	昭和46		ニクソン・ショック
1972	47	三大都市圏の市街化区域農地宅地並み課税決定 第3次マンションブーム（～73年）	札幌オリンピック 日中国交回復
1973	48	大蔵省、土地関連融資抑制を通達 建設省、大手不動産16社に住宅用地の放出を要請 民間の宅地供給量ピーク 地価高騰（～74年）	第1次オイルショック 円、変動相場制へ
1974	49	新土地税制（法人重課、特別土地保有税の創設など）実施	戦後初の経済実質マイナス成長
1975	50	事業所税施行	ベトナム戦争終結
1977	52	第4次マンションブーム（～80年）	
1978	53	住宅宅地関連公共施設整備促進事業創設	
1979	54	大蔵省、土地関連融資自粛を指導	第2次オイルショック サッチャー首相就任
1980	55	(財)不動産流通近代化センター発足	日本の自動車生産台数が世界第1位
1981	56	住宅・都市整備公団設立	
1982	57	土地税制大幅改正	東北・上越新幹線開業
1983	58	建設省、「宅地開発等指導要綱に関する措置方針」通達	
1984	59	土地信託第1号 東京都心から地価上昇始まる	「中流」と考える国民が９０％に達した
1985	60	公団等造成宅地の民間卸始まる	プラザ合意
1986	61	国有財産法等改正-国公有地に土地信託	１１月に景気の谷、以降バブル経済へ
1987	62	不動産小口化商品登場	国鉄民営化 ブラックマンデー
1988	63	再開発地区計画制度の創設	青函トンネル・瀬戸大橋開通
1989	64	消費税施行 土地基本法制定	昭和天皇崩御 平成に改元 ベルリンの壁崩壊
1990	平成2	不動産業向け融資総量規制開始 不動産シンジケーション協議会発足	東西ドイツ統一
1991	3	地価税創設など土地税制の大改正 三大都市圏の市街化区域内農地への宅地並課税強化	ソビエト連邦崩壊
1992	4	都市計画法·建築基準法改正 －用途地域制度の見直しなど 新借地借家法施行	地価下落、バブル崩壊へ
1993	5	土地税制懇談会－土地保有課税の抜本見直しを提言	
1994	6	不動産特定共同事業法制定	平成不況、戦後最長を更新
1995	7	リゾート事業協会発足	阪神淡路大震災
1996	8	改正宅建業法施行	住専処理法制定
1997	9	新総合土地政策推進要綱決定	「日本版ビッグバン」基本構想まとまる
1998	10	地価税の課税停止等土地・住宅税制の抜本的見直し実現	長野オリンピック 過去最大の総合経済対策決定
1999	11	都市基盤整備公団発足	コンピュータ2000年問題発生
2000	12	投資信託法改正－投資信託の運用対象が不動産などへと拡大 定期借家法施行	介護保険制度開始
2001	13	J-REIT東京証券取引所に2銘柄が上場	中央省庁再編
2002	14	都市再生特別措置法創設	日韓ワールドカップ
2003	15	住宅金融公庫が証券化支援事業開始	イラク戦争
2004	16	独立行政法人都市再生機構設立	スマトラ沖地震
2005	17	減損会計基準の適用義務化	ペイオフ本格実施 日本の人口が純減に転じる

土地・不動産をめぐる長期的な動向

資料：「不動産協会のあゆみ」(http://www.fdk.or.jp/gaiyo/idea/1990-2001.htm) などを元に三菱総合研究所が作成

都市再生特別措置法（注2）（２００２年）などが施行された。また改正投資信託法（注3）（２０００年）を準拠法として登場した不動産投資信託（ＲＩＥＴ）は新たな不動産マーケットを誕生させ、上場投資法人は２００６年３月現在32社にのぼる。不動産投資信託など不動産ファンドによるオフィスビルやマンションなどの保有が拡大し、不動産保有額は２００５年度中に10兆円規模に達し、３年前の約３倍になる見通しである。不動産ファンドは金融機関や事業会社が不動産を手放す中で有力な買い手として定着しつつある。ファンドが再開発の担い手となる事例も現れている。

さらに今年度から、固定資産の減損会計が義務化され、これに背中を押されて企業が不要の遊休地を処分する動きとともに、地価が安いうちに事業拡大に必要な不動産を取得する新たな動きも目立つ。

大都市圏の一部では用地の取得競争によって不動産価

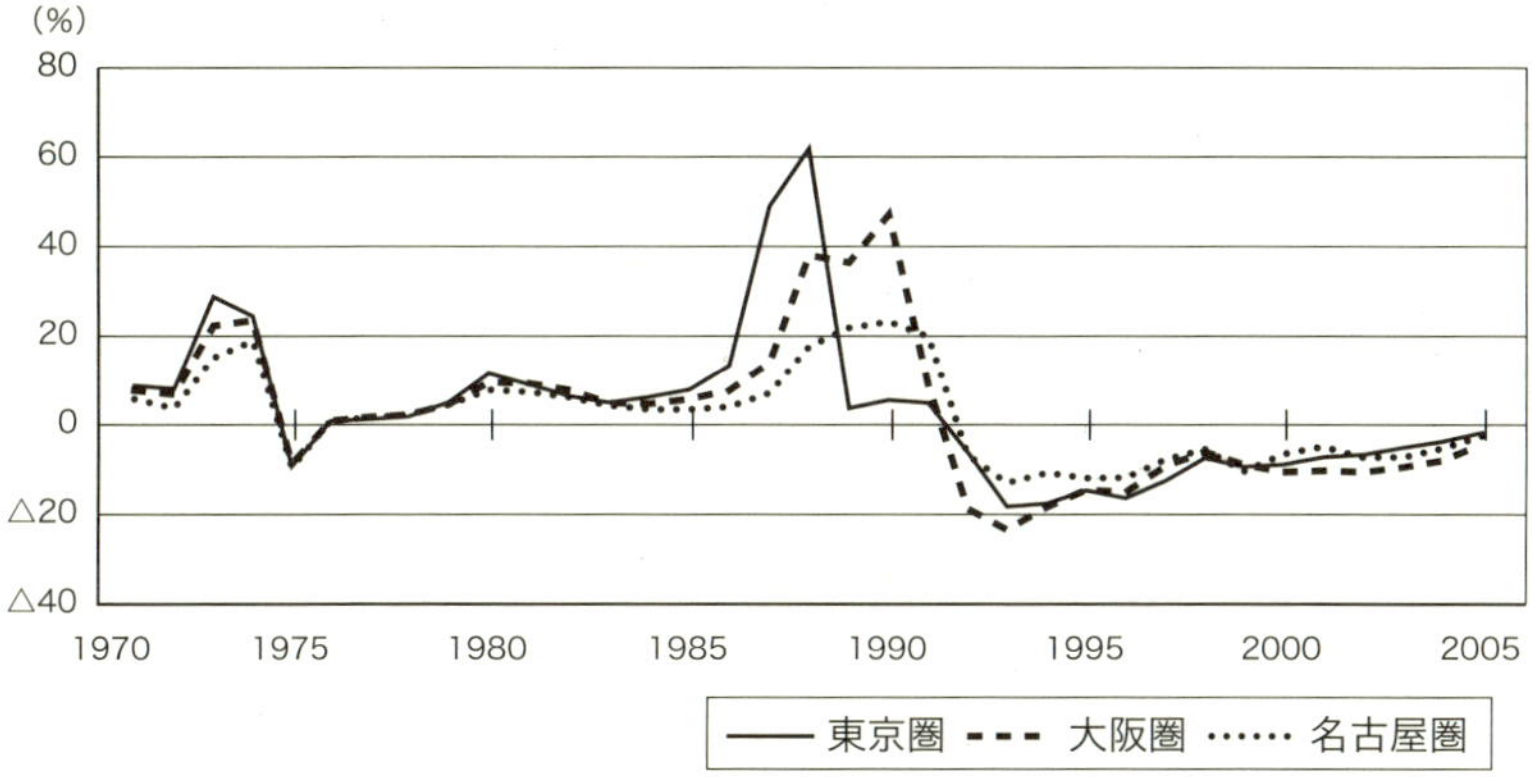

公示地価（商業地）の対前年変動率の推移

資料：国土交通省「地価公示」

※1　変動率は、各年とも前年と継続する標準値の価格の変動率の単純平均である。

※2　東京圏：首都圏整備法による既成市街地及び近郊整備地帯を含む市区町村の区域。
大阪圏：首都圏整備法による既成都市区域及び近郊整備区域を含む市町村の区域。
名古屋圏：中部圏開発整備法による都市整備区域を含む市町村の区域。

格が上がり、ミニバブルともいえる過熱感が出てきた。日銀は2006年から金融機関による不動産向け融資の監視を強化した。金融政策の量的緩和は解除されたが当面、超低金利を継続することもあり、バブル再燃の可能性を懸念しての措置である。

企業の経営環境と不動産戦略はどう変わったのか

企業は、株主などのステークホルダー（利害関係者）から利益や経営の効率性、透明性を厳しくチェックする仕組みを求められるようになった。機関投資家など「もの言う株主」の影響力が強まったことに対してコーポレートガバナンス（企業統治）やIR（投資家に対する説明責任）への意識を高めざるを得ないことが背景にある。

競争力をさらに高めるため、事業再編を核とした経営改革を加速する動きが強まっている。企業の合併・買収（M&A）が国内外で報じられ、巨額の資金が流入している。会社分割、連結納税制度、株式交換など事業再編を容易にする制度がこれを

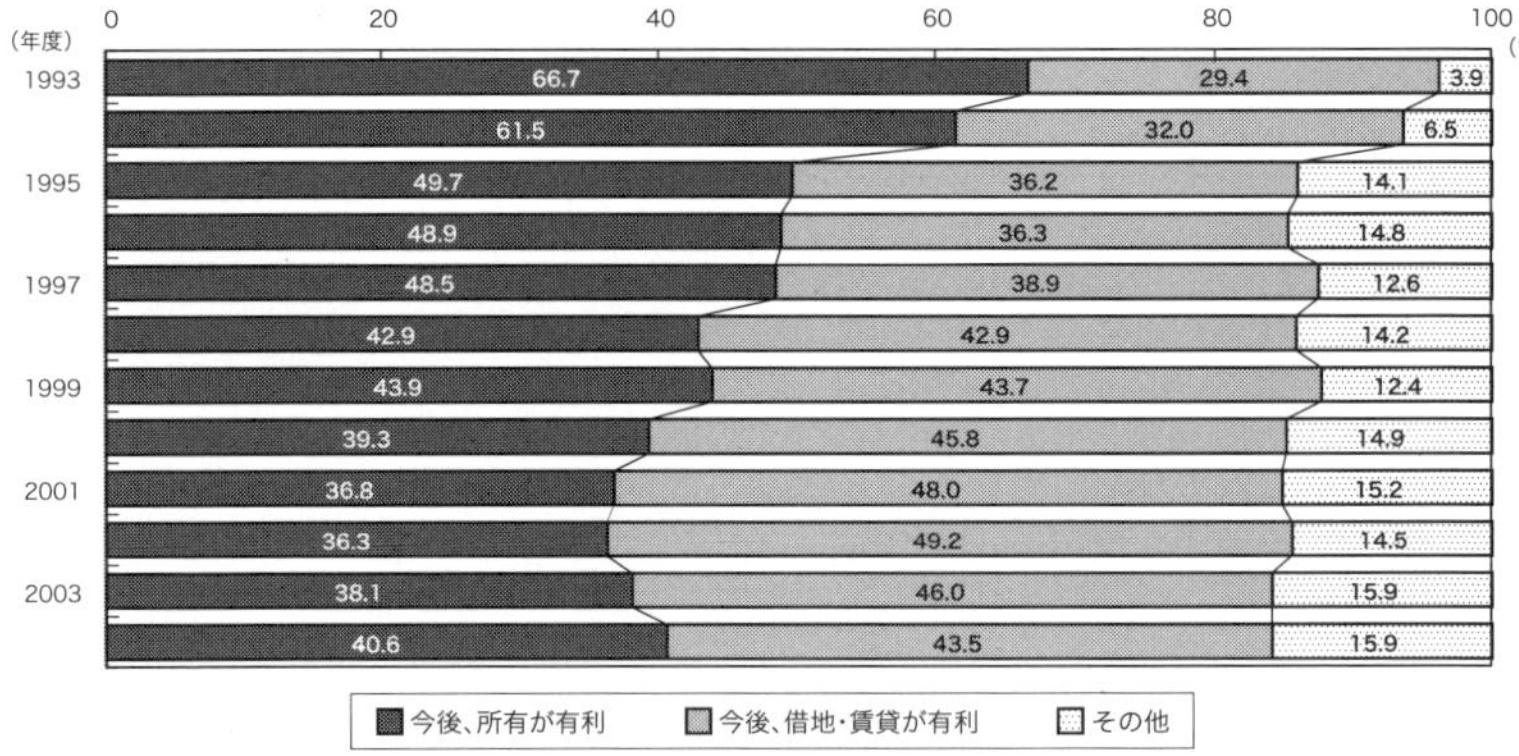

今後の土地所有の有利性についての意識（企業アンケート調査）

資料：国土交通省「土地所有・利用状況に関する企業行動調査」

※　8大都市（東京区部、名古屋、大阪、京都、札幌、仙台、広島、福岡）に本社のある株式会社9,000社を対象としたアンケート調査。平成16年度調査（2005年1月実施）。有効回収率は34.2%。

後押ししている。反面、企業の法務部門では、敵対的買収対策を最重視するなど企業防衛が大きな関心事になっている。

こうした経営環境変化を受けて経営資源の中で最も価値が大きく重要な資産である不動産に関する戦略も転換を迫られている。最も基本的な変化は、土地や建物が生みだす収益から不動産価格を算出する収益還元法が浸透し、不動産価値が担保力ではなく収益性や利便性で決まる市場へと変貌したことだ。企業価値や不動産収益力を客観的に把握するデューデリジェンス市場の拡大がそれを物語っている。

企業の土地取得に対する意識も変わった。資産としての土地所有から利用するための所有へと急速に変化を遂げた。土地の含み依存経営は終わり、土地取得は今や事業活動における投資の選択肢の一つになった。これからは不動産が産み出す価値を最大化するためにストック（保有）とフロー（利用）の最適組合せの巧拙が問われる。

また、企業の財務戦略においては、超低金利が持続する中で不動産投資には預金金利に比べた利回りの優位性が生じ、ミドルリスクミドルリターンの投資商品として定着した感がある。膨大な資金量を誇る企業年金の本格参入も始まろうとしている。不動産証券化は資産効率を高める手法として自社不動産の流動化の有力な選択肢となっている。

企業にとって不良債権や遊休資産の処理で一段落している余裕はない。グループの資産を見渡し、稼動中の資産全体の最適運用を進めて、一層の財務効率化と資産の有効活用を図る方向に舵を切るべきだ。

企業の不動産戦略　五つのキーポイント

企業が不動産戦略を立案する上で何を重視すべきか。五つのポイントに整理できそうだ。

①財務のスリム化による効率経営の追求　総資本利益率（ＲＯＡ）など総資産をいかに効率的に企業利益に結びつけ得るかという視点から遊休不動産と稼動不動産を洗い直すべきだ。証券化手法による自社不動産の流動化も資産効率アップの有力な選択肢である。

②担保価値から事業資産価値へ　キャピタルゲイン（含み益）ではなくインカムゲイン（事業収益）によって判断すべきだ。第三者の目で見ると現在よりも収益を生む活用策が見出せる可能性がある。但し、短期と中長期の視点の両方が必要になる。今は遊休地でも将来の事業用地になる可能性もあるからだ。

③ストックとフローの最適組合せ運用　保有して活用するストック資産と利用に徹するフロー資産の最適組合せによって資産全体の価値＝収益力の最大化を図る。ここでも時間軸の視点が重要となる。

④資産の連結マネジメント　事業部門単位、子会社単位の「縦割りマネジメント」を脱却し、子会社、関連会社も含めたグループ全体を対象とした資産の「連結マネジメント」を行うべきだ。グループ全体の不動産価値最大化を考える視点が重要である。

⑤不動産プロフェショナルの活用　資産の価値向上には高度な評価眼に加えデベロップメント力、マネジメント力といったの専門スキルが要る。外部専門家の力を借りて最適案を得ることが今後は一般

的になる。

不動産業は都市・地域再生の牽引役となれ

2005年暮れのボーナスの伸びをはじめ、受注や連結純利益、株価などでバブル期以来の最高記録を更新する企業が出はじめ、景気拡大は4年9ヵ月という戦後最長の「いざなぎ景気」を超える見通しも出てきた。また、貯蓄から投資へと個人資金が大きく動き出し、不動産投資も選択肢の一つに浮上して、日本の金融市場の風景は大きく変わりつつある。

こうした経済環境は、一般企業の不動産戦略の見直しや不動産業の企業戦略の転換にとって十数年ぶりの好機をもたらしている。今は大都市圏を中心に起きている不動産価値創造型へのシフトが、徐々に地方都市にも伝播して、地方不動産業が都市・地域の再生の牽引役となることを期待したい。

（注1）不動産特定共同事業法＝複数の投資家が出資して、不動産会社などが事業を行い、その運用収益を投資家に分配する事業によって販売される不動産小口化商品を買う投資家を保護するために、1995年4月に施行された。
（注2）都市再生特別措置法＝経済社会の構造変化と国際化に対応して都市の再生を図るため、2002年6月に施行された。民間主導で都市再生を促すため、容積率などの建築規制をしない都市再生緊急整備地域などが政府によって指定される。
（注3）投資信託法＝2000年11月、不動産投資信託（REIT）の登場へとつながる「投資信託及び投資法人に関する法律」と改正され、投資信託の対象が有価証券以外に不動産（その他の資産）にまで大幅に拡大された。

「不動産価値で企業価値向上」

三菱地所・三菱地所住宅販売

「持つ時代から運用する時代へ」。企業にとって保有する不動産の意味が大きく変化し始めている。J―REIT（不動産投資信託）をはじめとする不動産証券化やノンリコースローンといった金融手法の普及により、企業が保有する不動産の活用・投資の選択肢が急速に拡大、不動産戦略が財務戦略に組み込まれる時代に入った。企業の不動産に関する判断基準もキャピタルゲイン（含み益）ではなく、不動産の生み出すインカムゲイン（収益）に変化を遂げた。企業戦略に不動産が組み込まれたことにより、不動産会社の事業ビジネスモデルに企業の不動産戦略コンサルティングを提供するサービスが加わった。企業保有の不動産に専門スキルを提供し、価値を最大化し、企業価値を高めることに貢献する―。三菱地所グループの不動産ソリューションビジネスを通して不動産会社の価値創造ビジネス戦略を展望する。

三菱地所は、2005年度にスタートした中期経営計画「FF2007 ～Found action for the Future～」で、「デベロップメントを核とした高い不動産価値創出能力を持つ、新時代の不動産会社として確かな地位を築く」ことを明確に打ち出した。2000年の投資信託法改正により不動産が投資信託運用の対象となってわずか5年余りの間にJ―REITの時価総額が3兆円にまで急成長するなど、不動産ビジネスの主流が不動産証券化をはじめとする資産運用型へとシフトすることを意識したものだ。

現行中計がスタートした2005年4月の組織改正で「不動産活用推進部」の組織を拡充し、同部を中核

三菱地所不動産活用推進部　岡島直樹氏

として不動産価値創造ビジネスを本格展開する体制を整えた。「一般企業はもちろん、公益法人や大学、病院といった法人を顧客に不動産に関する幅広いソリューションを提供するのが我々の仕事」。岡島直樹同部副長はこう強調する。「例えば、保有する遊休地の処分・活用や事業用地取得、オフィス集約などについて企業の不動産戦略全般にわたっての調査から企画立案、実践に至るまでを総合的にコンサルティングしたケースがある。また、都心の工場跡地の活用方策など要望に応じて開発型証券化手法を用いたビル建設を提案するなど様々なソリューションを提供してきた。」

岡島副長は三菱地所の強味を「グループ各社の力を結集すればあらゆるケースに対応可能」なことだと言う。不動産の評価や活用を提案するだけでなく、証券化などの事業スキームや建物の設計・監理などのプロジェクトのマネジメント、完成後の運営管理までトータルでサービスを提供できるのは他社にはない強味。不動産戦略に頭を悩ます企業にとっては心強いパートナーと言えるだろう。さらに海外不動産についても連結子会社である米国大手のクッシュマン&ウェイクフィールドを通じて様々なソリューションを提案できる。国内外を問わずに不動産の総合サービスの提供が可能だ。

■事例紹介■

M&Aを活用した不動産コンサルティングビジネスを展開

総合不動産サービス事業の一環として三菱地所グループが現在着目しているのが、「M&A（企業買収）」に関連する不動産ソリューションサービスだ。これについては、三菱地所はグループ企業の三菱地所住宅販売と連携し、ベストソリューションを提供する。

三菱地所住宅販売でM&Aビジネスを手がけるアドバイザリー営業部は２００１年に設立された部署。当時は不良債権問題を解決するため企業の不動産売却が盛んに行われていた。アドバイザリー営業部はこうした企業の不動産売却をサポートする部署として設立されたのだという。

M&Aビジネスに着目したのは、担保不動産売却に象徴される不良債権処理ビジネスから資産と事業を一体で再生する企業再生支援ビジネスへと軸足が移ったからだという。同社アドバイザリー営業第２部の芹澤克典部長代行は「事業再生とM&Aにより重複資産や不要資産が生まれる。売却するだけでなく価値創造を幅広く考えようということで、このビジネスを立ち上げた」と語る。

三菱地所住宅販売アドバイザリー営業部
芹澤克典氏

芹澤部長代行は事業立ち上げに当たって「不良債権処理ビジネスを手がけたノウハウが役に立った」と言う。売り主、債権者、買い手という異った利害関係を持つ顧客に対し様々なソリューションを提供する不良債権処理ビジネスは「難易度が高い分だけノウハウも蓄積できるビジネス」だと強調する。アドバイザリー営業部設立の年、同社はフェニックスリゾートグループの管財人側アドバイザー（2001年、会社更生法案件）に選任された。その後、星電社の不動産売却アドバイザー（2002年、民事再生法案件）、ダイヤモンドホテルの再生アドバイザー（2004年、プレパッケージ型民事再生法案件）、ラオックス（2005年、資産オフバランス案件）の不動産売却アドバイザーなどを手がけている。

管財人側アドバイザーとして参画したフェニックスリゾートの案件では、当時バイアウトファンドの黎明期であり早期の営業譲渡案件も珍しく、また事業再生のインフラが未整備だった時期だけに苦労も多かったという。「資産の現在価値を維持するだけではなく、企業としての良いところを磨き、将来の企業価値が上がるようにしなければ、事業スポンサーを誘致できない」（芹澤部長代行）。アドバイザーとして早期のスポンサー確保とともに、社会的な価値や従業員の雇用確保にも力を注いだ。三菱地所住宅販売のM&Aビジネスはこうした経験に裏付けされた企業価値向上ビジネスとも言えるだろう。

同社がM&Aビジネスを通じて改めて知ったのは「不動産価値の追求が不十分な企業が意外なほど多い」ということ。株式上場している大企業でも資産活用が非効率なケースがあるという。芹澤部長代行はM&Aに合わせて資産リストラを実施し、企業価値を最大化しようという動きが今後顕在化するのではないかと予測する。

また、競争の激しい流通業などで地域の中小企業の資産が大手企業に買収されるのではないかとの見方を示す。M&Aや資産買収は、成立後できるだけ早く資産リストラを実施しなければ企業価値を損ねてしまう可能性もある。その意味では、総合的な視点から不動産価値創造についてアドバイスできる三菱地所グループのコンサルティングは、顧客ニーズに的確に対応できるサービスと言えるのかもしれない。

不動産価値創造型ビジネスは、企業の資産である不動産が動くタイミングで必要とされるビジネス。M&Aは、まさに不動産が動くタイミングの典型と言える。持つべき不動産を持ち、なおかつバランス良く運用することで収益性を高め、企業価値を最大限に高める──。三菱地所グループのM&Aビジネスは資産活用時代の新ビジネスの好例といえるだろう。このビジネスを契機に三菱地所グループは不動産価値創造型ビジネスの幅をさらに拡げることを検討している。不動産会社のビジネスモデルは今、まさに新しい時代へと突入しようとしている。

既存ストックの活用を通じた建設業の再生

厳しい状況が続く建設業

バブル景気崩壊以降、わが国経済の低迷が続いているが、とりわけ建設業は厳しい状況に置かれている。

建設投資額の推移をみると、1992年度の84兆円をピークに減少傾向にあり、2005年度の見通しは51・9兆円で、1992年度の61・8％にまで落ち込むことが予想されている。GDPに占める建設投資の割合をみると、1992年度は17・4％を占めていたが、2005年度は7ポイント下がった10・4％になる見込みである。このような状況下、1992年3月末時点では52万2000業者であった建設業許可業者数は、2005年3月末時点では55万9000業者と、むしろ増加している。また、建設業就業者数は、602万人（1992年3月時点）から587万人（2005年3月時点）と2・5％しか減少していない（図表3-3-1）。

建設投資額が大きく減少し建設業の業界再編が叫ばれている中で、建設

	1992年(A)	2005年(B)	比率(B/A)
建設投資額・名目(10億円)	83,971	51,900	61.8%
GDP・名目(10億円)	483,838	500,600	103.5%
建設業許可業者数(業者)	522,450	558,857	107.0%
建設業就業者数(万人)	602	587	97.5%

図表3-3-1　建設業を取り巻く主な指標の比較

※　建設投資額、GDP：「平成17年度建設投資見通し」国土交通省(年度)
　建設業許可業者数：「建設業許可業者数調査」国土交通省(3月末日時点)
　建設業就業者数：「労働力調査」総務省(3月時点)

なお、2006年1月24日に(財)建設経済研究所が公表した「建設経済モデルによる建設投資の見通し(2006年1月)」によると、2005年度の建設投資額は52兆8,100億円の見込みとしている。

業許可業者や建設業就業者数の減少が小さいことは、とりもなおさず、建設業が過剰供給構造業種であるということを示している。また、供給過剰が過当競争を招き、受注単価のたたき合いが建設業者の収益を圧迫する要因となっていることがうかがえる。

近年、構造改革の進展と連動するかたちで、経済指標の多くが上向き、経済成長への期待が膨らみつつある。実際、民間投資額だけをみると建設投資額は、2003年度を底に増加傾向に転換しており、民間建設市場には明るい徴候がみられる。しかしながら公共工事については、公共工事品質確保促進法の本格運用、改正独占禁止法の施行、入札制度の改革など、市場環境は大きく様変わりし、より競争は激化していくものと予想される。

したがって、公共工事に依存していた地方の建設業を中心に早急に業態の転換と選別を迫られる環境に置かれているのである。

建設業再生の鍵となる既存ストックの活用

前述した状況において、国や地方自治体では建設業の新規分野への進出を促すために、新分野進出事例の紹介、セミナーや講習会の開催、経営相談などを積極的に行っている。

新分野への進出事例として、農林水産業、環境分野（リサイクル、環境保全など）、福祉・介護分野（福祉施設の運営、訪問介護サービスへの進出など）などが挙げられる。また、建設業者自身も本業に関する経営体質の改善や新技術の開発などを進めている。ＰＦＩ方式など新たな事業方式への取り組みはその一例であろう。

建設業の本業のマーケットとして今後期待される分野として、維持補修などの既存ストックの活用があげられる。建設経済研究所が作成した「建設市場の中長期予測」によれば、建設投資額が減少するのに対し、維持補修工事額は２０００年度の21・1兆円が、２０１０年度には24・5～25・5兆円まで増加すると予測されている（図表3−3−2）。国土交通省でも既存ストックの効率的なマネジメントを政策的に打ち出し積極的に推進しており、今後は建設業市場において既存ストックの活用の位置づけが高まることは確かであろう。

建設業に期待される役割が大きい延命化とコンバージョン

既存ストックの活用に対する技術手法としては、大きく延命化とコンバージョンがテーマとして挙げられている。その対応は、建設業にとって重要な課題であり、また期待でもある。

延命化のあり方

延命化については、既存施設の性能・外観を長期間維持することが求められる

投資額・工事額	2000年度	2010年度	2020年度
建設投資額	71.6兆円	53.6～63.1兆円	52.1～62.8兆円
(2000年度比)		(－25～-12%)	(－27～－12%)
維持補修工事額	21.1兆円	24.5～25.5兆円	28.2～29.6兆円
(2000年度比)		(＋16～＋21%)	(＋34～＋40%)

図表3-3-2　建設投資額および維持補修工事額の将来見通し

※　㈶建設経済研究所「建設市場の中長期予測」を元に作成。投資額、工事額は実質・平成7年度基準。

が、そのためには、診断技術、予防保全技術、長寿命化を図る工法・材料などの新技術が必要とされる。

とりわけ、このところ全国で多発する大地震や、昨年末に発生した耐震構造計算偽装問題などもあり、施設の耐震性に対する国民の関心は高まりつつある。新耐震設計法以前に設計されたものなど、耐震基準を満たしていない施設については、早急な耐震改修が必要とされる。改修工事については、工事期間の短縮、改修コストの縮減、既存施設の機能性及び美観の可能な限りの維持、さらには既存施設を利用しつつ改修する手法などが差別化のための技術として求められる。

施設の管理はますます重要となるが、今後はライフサイクルコストの縮減や維持管理業務の効率化だけでなく、資産として管理・運用するための総合的なマネジメントシステムの導入も不可欠となる。

コンバージョンのあり方

特に建物については、用途転換により既存施設を有効に活用するコンバージョンの需要が高まると考えられる。新築と比べた場合の工期及びコストの縮減効果に加え、建設廃棄物の発生抑制やＣＯ２排出量削減など環境面での効果を社会的に適正に評価していくことが求められる。今後、コンバージョンを推進していくためには、各種の技術開発に加え、用途転用に関連した建築基準法などの規制緩和や、新築に比べて冷遇されている補助金などのインセンティブも必要であろう。

これまでのコンバージョンは、歴史的建築物の保存に代表されるように、建物の外装を残して内部を改修することが一般的であったが、今後は建築家の青木茂氏がリファイン建築(注1)として提唱しているような、建物の基礎・構造駆体を活用して新たな空間を生み出す手法も重要となろう。

ストック活用時代における建設業のあり方

これからの施設のあり方であるが、所有者の資産運用の効率化や不動産価値の向上という視点に留まらず、わが国の建設業がその時代の最新技術やデザインの集大成として創り上げた質の高い建築物や土木構造物を良好な状態で保存・活用するという社会的価値という点にも注目すべきであろう。

最近の動向をみても、わが国近代建築を代表する作品の一つである国際文化会館（東京都港区）が、世論を背景に関係者の努力により、建て替えから保存活用に方針が変わった（写真3-3-1）。また、日本橋再開発においては、戦前を代表するオフィスビルである三井本店を保存活用して地区の歴史文化を継承していく姿勢が打ち出されるなど、価値のある既存ストック活用の機運は高まりつつあるといえる。官民ともに改革が進む中で、資産としての既存施設の見直しが進められており、施設の統廃合は今後も進んでいくだろう。一例を挙げれば、少子化に伴う学校統廃合によって生じた空き校舎の活用、市町村合併によって生じた空き庁舎の活用、企業の合

写真3-3-1：国際文化会館

コルビジェ門下生で戦後の巨匠である前川國男・坂倉準三・吉村順三の協働設計。文化遺産としてのモダニズム建築・DOCOMOMO100選にも選出。

併に伴って生じた空き店舗の活用などが挙げられる。

以前、青木茂氏から「リファイン建築の発想の原点はカステル・ヴェッキオ美術館である」と伺ったことがある。既存ストック活用ということでは、歴史的資産に社会的価値を認め、大切にする文化を有するイタリアに学ぶべき点が多いようである（写真3-3-2）。

一にも二にもコスト削減が厳しく追及されている昨今である。しかし長期的に捉えるならば、建設業の再生には、スクラップアンドビルドを前提として施設を建設するのではなく、持続可能な施設すなわち未来へ受け渡すことのできる施設として、国民の資産価値を高めるという使命感と気概が必要なのではないだろうか。

横浜市の中心市街地におけるコンバージョン事例

横浜市の関内地区は、横浜港開港以来、神奈川県・横浜市の政治・経済の中心として発展してきた。最近では、横浜駅周辺や隣接するみなとみらい21地区のポテンシャルが高まったことや、支店機能の縮小撤退などのあおりを受け、地区の活力が低下している。そのような中で、横浜

写真3-3-2　イタリアにおけるコンバージョン事例
左：カステル・ヴェッキオ美術館。ヴェローナ市内にある中世の城郭をカルロ・スカルパの設計により美術館に改修。
右：イタリア証券取引所。ローマ市内にある古代ローマ時代のハドリアヌス神殿の柱部分をそのまま活用。

市では開港以来の歴史的資産の保存と活用を積極的に進め、都市再生の重要な要素として位置づけている。２００４年には、みなとみらい線が開通し、地区の構造も大きく変わり始めた。

ここでは関内地区の中でかつて金融機能が集積していた、みなとみらい線の馬車道駅周辺におけるコンバージョン事例（外壁保存再生を含む）を紹介する。半径５００m以内の狭いエリアにコンバージョン事例が多数存在していることが特徴である。コンバージョンを成立させた要件として、多くの事例が、住民などの保存要望を基に、市が支援し、所有者が理解を示したことが挙げられるが、設計・施工者が期待に応えるべく最新の技術を駆使するなど可能な限り元の建物の保存再生を図ったことも特筆される。

また、この周辺にはこの稿で紹介した事例以外のコンバージョン事例として、SOHO横浜インキュベーションセンター（旧シルクセンターホテルを改装）、ふれあい横浜ホスピタル・シニアホテル横浜（旧インターナショナルシティホテルを病院に改装）、PIAステーション（横濱カレーミュージアムが入居するアミューズメント施設、旧丸井伊勢佐木町店を改装）、エクセル伊勢佐木（JRAの定員制場外勝馬投票券発売所、旧横浜松坂屋西館を改装）などがある。

青木茂とリファイン建築

（注１）青木茂氏は九州を拠点として活躍する建築設計家。リファイン建築は建築物もリサイクルする時代に入ったという発想を基に、従来の増改築とは異なり、大胆な意匠の転換や用途変更、耐震補強を低コストで実現し、老朽化した建物をまったく新しい建物として蘇らせる独自に研究・設計を進めた建築システム。代表作に宇目町役場庁舎、野津原町多世代交流プラザなどがある。

横浜市の中心市街地におけるコンバージョン事例

■日本興亜馬車道ビル

元の建物は1918年に竣工した旧川崎銀行横浜支店。元の3階建ての建物を解体した上で、石張りの外壁部分を再生し、高層化を図った(1989年竣工)。高層部分はガラス張りとすることで、元のデザインを際だたせる効果を狙う。

■神奈川県立博物館

元々は1904年に竣工した横浜正金銀行本店で、設計は日本橋の設計者でもある妻木頼黄。関東大震災でドーム部分を消失したがその後復元するなど、建物本体はほぼ竣工当時のまま。現在は県立博物館として活用。

■横浜アイランドタワー

2003年に竣工したオフィスビルの一角に、隣接地にあった旧第一銀行横浜支店(1929年竣工、戦後は横浜銀行本店として機能)の一部を曳家で移設。現在は、横浜市が推進する歴史的造物を活用した文化芸術創造の実験プログラム「BankART 1929」の会場として活用。

■横浜第二合同庁舎

元の建物は1926年に竣工した生糸検査所。横浜農林水産合同庁舎として活用した後に、平成5年に横浜第二合同庁舎として建替え、高層化。建物は高層棟と低層棟から構成され、低層部は元の建物のレンガ積みの外装を復元。

■旧富士銀行横浜支店

安田銀行横浜支店として1929年に竣工。その後、富士銀行横浜支店として活用されていたが、みずほ銀行発足後の店舗統廃合で閉店。横浜市が建物を購入し、市民向け施設として元の形態を維持したまま活用。最近まで「BankART 1929」の会場として活用。

■旧三菱銀行横浜支店

第百銀行横浜支店として1934年に竣工。その後三菱銀行横浜支店として活用されていたが、東京三菱銀行発足後の店舗統廃合で閉店。建物を解体後、2004年に高層マンションとして整備されたが、低層部分は元の建物の外装を再現

■郵船横浜ビル

1936年に竣工し、現在もほぼ竣工当時のまま活用。建物内に日本郵船歴史博物館を設置した他に、旧倉庫部分は「BankART Studio NYK」として活用されている。

■赤レンガ倉庫

元は新港埠頭煉瓦倉庫(1号倉庫は1913年竣工、2号倉庫は1911年竣工)。国から横浜市に払い下げられた後、2002年に商業施設としてリニューアル。構造補強・設備追加などを施しつつも、内外装ともに煉瓦造の特徴が残されている。

■本町旭ビル

元の建物は1930年に竣工した江商横浜支店。元の建物を解体した上で、テラコッタタイル張りの前面外壁部分を再生し、高層化を図った(1995年竣工)。高層部分はセットバックさせ、元の建物のタイルよりも淡い色調とすることで、低層部分のデザインと対比させている。

左から日本興亜馬車道ビル、横浜アイランドタワー、横浜第二合同庁舎、旧富士銀行横浜支店

地域再生の切り札としての農業の新展開

カゴメの挑戦

関西国際空港へ離発着する機影を遠くに望む和歌山県和歌山市加太。海上空港建設に必要な埋め立て用土砂の採取地であるこの地で、カゴメはガラスハウスによる農産物の生産を始めている。第1期分は既に昨年8月に完成、今後4年程度かけて、総事業費約47億円、温室面積は東京ドーム4個以上の約20haのアジア最大規模のハイテク温室を完成させる予定だ。同社ではこの温室で自社ブランドの生鮮トマト「こくみトマト」を生産、昨秋11月から1日約5tを出荷している。カゴメでは、最終的に年間約6千tの出荷を予定しているが、これは現在の和歌山県全体のトマト出荷量に匹敵する規模である。

全国のトマト生産農家は約6万戸、年間約67万tが出荷されている。すでに同社はその1%近くを占める生産規模を確保しているが、和歌山県以外にも福島県いわき市に自社直轄菜園を建設、福岡県北九州市沖の響灘にも今春完成のハウスで、最終的には年間約2万tを出荷する日本最大の「トマト生産者」となる見込みだ。

こうした企業による農業分野への進出はカゴメ以外にもキューピーやメルシャン、JFEスチール、ワタミフードなどにみられる。また国や地方自治体でも、公共工事の減少に対応した雇用対策の一環として、建設業から新分野への進出として農業分野への進出などを挙げている。こうした動きの背景には、企業の農業参入に関する門戸が徐々に開かれつつある状況がある。

第二段階を迎えた農業への企業参入

昨年3月25日、新たな「食料・農業・農村基本計画」が閣議決定された。食料・農業・農村基本法に基づき5年ぶりに改訂された同計画は、今後のわが国農政の基本となるものである。新しい基本計画では食料自給率を現在のカロリーベース40％から45％まで向上させる目標を明示し、消費者の視点重視、高付加価値型農業や農産物輸出の支援など、攻めの農政へ転じることを謳っている。

なかでも構造改革特区に限って認めてきた株式会社による農業経営を全国的に解禁する点は注目を集めた。株式会社が農業経営することは２０００年度農地法改正によって認められていた。しかしこれは農業者がまとまって法人化する際に株式会社形態を認めるもので、既存の株式会社が農地を利用することは実質的に困難なものとなっていた。

これに対して、同計画の方針にそって昨年9月に改正された農地法に組み込まれ

企業名	事業内
カゴメ	生鮮トマトを生産、直轄菜園で生産・出荷
キューピー	98年からTSファーム白河（福島県）で野菜を生産
JFEスチール	JFEライフを設立、エコ作ブランドで野菜を生産
メルシャン	03年から高級ワイン用ブドウを栽培

資料：各社プレスリリースなどをもとに作成

た内容では、制限付きながら、民間企業が農地を賃貸し、農業展開することが認められたのである。同時に農業者の高齢化や後継者不足、耕作放棄地の拡大と公共工事依存型の地域経済脱却に向け、地域の建設会社を中心とした地場企業による農業分野への参入が官民一体となって進められている。曰く、消費者の食への嗜好が多様化しており、様々な農産物が市場で求められている。安全・安心・トレーサビリティに対する消費者意識が高まり、比較的産地と消費者の距離が近く、消費者が安心して購入することがしやすいとみられる国内産、特に地元産への消費者ニーズが高まってくる。こうした食にまつわる様々な意見が聞かれるなかで、いつのまにか、農業がビジネスチャンスとして注目されるようになってきた。

では本当に農業は、新規参入の旨みがある「産業」なのだろうか。

消費者ニーズをつかめるかがビジネス成功の鍵

農業で最も重要なのは、消費者にどう買ってもらうかである。世界中から食材が集まる日本では、すでに「美味しい・安全・安心・健康」だけでは差別化はできない。このような食品は、世界中どこにでもあり、必要なら商社などの企業がすぐにでも買い付けてくる。ではどうすれば消費者は買ってくれるのか？

100年以上にわたってトマト加工品を扱ってきたカゴメが、まず生鮮食品で着手したのは、自らが最も知り尽くしている農産物、トマトであった。メーカーとして、あるいは原材料の購買者として知り尽くしているトマトだからこそ、消費者が欲しているものを知り、消費者が買いたいと思う売り方を知っていた。だからこそ、農業への参入を決意できたのである。

実際に参入する企業がある一方で、農業分野から撤退する企業も多い。世界的な大手企業でも大規模農園を建設して参入したが撤退を余儀なくされた例がある。地場の中小企業でも、思うように収益が上がらず、撤退した例も多い。農業参入に成功している企業とそうでない企業の差はどこにあるのか。

土地は資材置き場がある。施設は重機で建てられる。資材は余っている。人手は公共工事が減っているから沢山あるし、みな実家は農家だから素人以上の作業はできる。これだけ企業シーズがあるから農業参入できるだろう、では決してないのである。

農業を成功させる最大の鍵、それは消費者ニーズをつかめるかにある。

スーパーや外食、総菜メーカーのバイヤーには、毎日全国の産地から、多くの人が農産物の売り込みに来る。某外食メーカーのバイヤーは、相手の最初の一言で会うか、会わずに断るかを決めているという。その一言とは、「私たちは良いものを作っています。是非見てください」

良いものは全国にある。しかし消費者が実際に買うものは限られている。ならば「良いもの」をアピールするのではなく、「消費者が買いたいと思うもの」をアピールすべきである。「私たちの農産物は、こういう点で消費者に合うと思います。」という提案ができてはじめて、消費者ニーズをつかんだビジネスがスタートするのである。

企業の農業参入は農家や地域にとってもプラスになる

ものを作って販売する時の考え方には2通りあるという。すなわち生産の側から考えるプロダクトアウトの考え方、そして消費の側から考えるマーケットインの考え方である。多くの企業は、厳しい国際間競争の中でマーケットインの考え方、すなわち「どうしたら売れるのか」という発想で生産や・流通・販売を考える力を身につけてきた。カゴメが生鮮トマトを販売する際にも、生で食されるトマトではなく、敢えて調理用野菜として利用されるトマトを生産している。そのため、トマトを煮たり、焼いたりして調理してもらうために、日本人の食生活に合った調理レシピを２００以上も開発、店頭で実演販売を行っている。生鮮コーナーでの実演販売は、各地のスーパーで評判となり、現在も日本各地の店頭でカゴメによる実演販売が行われている。

こうした企業の売るための努力は、農家や地域の農業にとってもプラスになるとみられる。農産物を作ったあとは農協や市場任せ、困った時は行政頼みでは、いつまで経っても生産する側が消費者ニーズをつかむことはできない。消費者ニーズをつかむことができなければ、「売れる」農産物を作り、販売することは難しいのである。

企業の農業参入は、こうした雰囲気に刺激を与える、良い起爆剤になる可能性がある。実際昨秋から本格稼働したカゴメの加太菜園には全国の農業者が毎日のように見学に来ている。

こうした新規参入者から学び、学ぶべき点を学ぶ姿勢が、地域全体に広がることで、農業は魅力的な産業として復活すると期待される。

確かに農業は大きなビジネスチャンスがある。しかし、競争相手は世界中にいて、消費者は世界一厳しい目で注目している。公共工事が減少した時の単なるつなぎの仕事や、家の仕事として、与えられたものを引き継ぐだけでなく、本当に自らの考えで事業展開を図ろうと思っているなら、これほど挑戦しがいのある分野はないだろう。

「農業進出は原点回帰」

カゴメ・加太菜園

「カゴメの創業者はトマト農家。この原点を常に社員は忘れていません」。加太菜園（和歌山県）の畔柳浩社長は、カゴメがトマト菜園に出資する理由をこう語る。加太菜園が設立されたのは２００４年10月のこと。昨年（２００５年）８月に第１期５・２haの温室が完成し、11月から日量約５ｔのトマトを出荷している。

「第２期は来年10月に着工、第３期はその２年後に着工します。完成すれば約20haの温室を持つ、アジア最大級のトマト菜園になりますね。生産量も年間６０００ｔと和歌山県の年間生産量に匹敵する規模になります」（畔柳社長）。１８９７（明治37）年、創業のカゴメはトマト農家が起こした会社。余ったトマトを加工し、ピューレにして販売したのが創業のきっかけだったという。

「トマトピューレ、ケチャップ、ソース、カゴメが追求したのはトマトの赤さです。市販では得られない赤さを追求し、品種改良を繰り返しました」（同）。ピンク系と呼ばれ、現在市場に流通している「桃太郎」ではない、赤いトマトをいかに調達するか、それがトマトの赤さを商品の売りにしているカゴメの生命線とも言える。

赤いトマトと桃太郎の違いは、その味にある。フルーティーで果物のように甘い桃太郎とは対照的に赤いトマトは野性味にあふれ「野菜本来の味」がする。しかも、栄養価の高いリコピンや、旨み成分であるグルタミン酸が多く含まれる。「生食でももちろんおいしいですが、加熱調理用ですね」（同）。海外では、生食ではなく調理用に用いられるトマト。色もピンク系ではなく赤だという。

「海外の常識を日本に輸入し、新しいトマト市場を作れないか」。トマトに徹底的にこだわるカゴメにとって、こうした発想が生まれたのは至極当然のことだった。１９９８年、カゴメはトマトの生産を決断する。当初は農家に生産を委託する方式としたが、この方法では品質にばらつきが生じるなどの問題がクリアできず、大規模菜園での一貫生産方式を模索することになる。「農家のみなさんは、それぞれ作り方にこだわりを持っていて、なかなかカゴメの要求に応じてくれない。結果的に品質がばらつき統一ブランドで売ることができないという問題が生じた」。

１９９９年、茨城県美野里町で、現地の農業法人が作った菜園に生産委託したのを皮切りに、広島県世羅町の「世羅菜園」、高知県の「四万十みはら菜園」、千葉県の「山田みどり菜園」、長野県の「安曇野みさと菜園」に生産委託する。世羅菜園以降の菜園については、農林水産省からの補助金（50％）を受けるという事業スキームを採用。農業法人の経営リスクを最小限に抑えるようにした。

ただ、農林水産省の補助を受けるには様々な制約がある。なかでも大変だったのは、手続きに時間がかかることだった。「申請から補助金を受け取るまで3年もかかるケースもあった」（同）。経営が順調になり、供給量が需要に追いつかない状態になると、この長期間の手続きがかえって経営リスクになってしまった。「カゴメが直接菜園を経営しよう」。順調に伸びる市場がトップの決断を後押しした。

カゴメは、２００３年から3カ所の菜園を造るということを目標に用地探しを開始。２００４年にはいわき小名浜菜園（福島県）で事業が本格的にスタート。２件目が畔柳社長の加太菜園、今年（２００６年）４月からは響灘菜園（北九州市）が事業を開始する。

トマト菜園経営を通じて農業の未来示す

加太菜園にはカゴメが70％、オリックスが30％、それぞれ出資している。オリックスが出資した理由について畔柳社長は「農業ビジネスに可能性を感じ、マーケティングのために出資したのだろう」と語る。農業ビジネスの魅力とは何か。畔柳社長はこの点について明快に答える。「農産物の流通を考えず、ただ作るだけで、補助金を生活費に回すのが現在の農業。プロダクト・アウトの発想ではなく、マーケット・インの考え方を取り入れれば、農業にはまだまだ新たなビジネスの種はある」。生産者の理屈と行政の都合で農業を保護するのではなく、市場に評価されるものをより安く、消費者に提供するにはどうしたらいいか。加太菜園をはじめとする大規模菜園による大量生産方式はその一つの答えなのかも知れない。

カゴメの菜園ができることについて地元の反応は二分した。進出先となった加太地区の土地は、もともとは山。関西空港の埋立用土砂として削り取られ平地になった。地元の和歌山県と和歌山市はこの土地を宅地として分譲する計画だったが、バブル経済の崩壊により土地が売れない状態に。塩漬けとなった土地を売ろうとカゴメに持ちかけたのがきっかけになって加太へ菜園を造る話が浮上する。結局、カゴメはこの土地を買わずに、借り受けることに。それでも遊休地となって土地の利用にメドが立った県と市は大歓迎だったという。

一方、農協（ＪＡ）はカゴメの進出に反発した。会社設立後、ＪＡの会議に呼び出され、「中小農家を殺す気か」などと厳しい言葉を投げかけられたという。もっとも今となっては「ＪＡをはじめとする農業関係者が最も見学に来る」（同）ほど対応は和らいでいる。「現場の人たちはカゴメが何をするのか実は興味津々なんでしょうね。ただ、組織として対応するとなると話は別。その辺がほぐれるまで時間はかかりました」と畔柳社長は語る。

プロダクト・アウトからマーケット・インで市場開拓

菜園経営に当たってカゴメは「桃太郎とミニトマトだけの時代は終わる。売れる品種を作ろう」ということを基本スタンスにした。加工製品を通じて売れる品種を知り尽くし、そのための品種も持っているカゴメの強みを最大限に生かすことを念頭に置いた。さらに、桃太郎を生産する農家と競合しないこと。農家と対立すればトマト農家に支えられ、発展してきたカゴメという会社の存続さえも危ういものにしてしまう。「農家が作った会社であるカゴメは、農家に還元することこそ使命」。この考え方は、カゴメという会社の「隅々にまで行き届いた思想」なのだと畔柳社長は強調する。

加太菜園で作ったトマトは、市場を通さずカゴメが直接販売する。「市場という流通を省くことで直接消費者の反応が分かる。このメリットは大きい。ただ、既存の流通を使わないということがＪＡの反発につながったのでしょうね」（同）。販売に当たってカゴメは２４０を超える料理レシピを考案。加太菜園などで生産するトマトのブランド「こくみ」をもじった実演レディー「こくみレディー」による料理実演を全国のスーパーで展開、市場の掘り起こしに取り組んでいる。

栽培方式にも工夫を加えた。農地法の制限があり土地を耕せないのを逆に利用、ロックウールを使ったポット栽培で大量生産を可能にした。「土を使わないということで、土による条件変化がないという利点があります。必要な栄養は、必要な量だけ養液で与えます」。さらにハウス内の暖房には天然ガスを使用。燃焼時に発生する二酸化炭素は回収してハウス内を循環、トマトの光合成に利用している。余剰養液もＵＶ殺菌装置で殺菌し、再利用するなど、環境にも配慮している。

従業員は地元自治会の要望を受け、地元住民を多く採用した。「トマトの栽培は生き物相手で面白いとパートのみなさんは言ってくれます。その意味では地元に受け入れられたと言えるのではないでしょうか」。畔柳社長は、そう目を細める。
カゴメの菜園経営は、トマト農業を通じて農業に工業的な発想を取り入れるという、ある意味では大きな実験と言えるだろう。先祖伝来の土地を守るための農業ではなく、自ら市場を切りひらいていく農業へ…。地域の再生には農業の再生が不可欠でもある。カゴメの取り組みは、将来の農業の一つのあり方を示すものなのかも知れない。

集客発想都市の時代

集客都市政策の系譜

2005年末に発表になった国勢調査の速報値によると、ついにわが国は人口減少社会に突入した。戦後のわが国の都市政策において、人口が増えていくまちは活気ある良いまちであるという共通の認識があり、人口増加はまちづくりの目標の一つですらあった。1980年代に入ってわが国の国土計画が「定住人口から交流人口へ」と舵を切り替えはじめた結果、活性化している良いまちの基準が「他所から訪れる人（交流人口）が多いまち」に変わった。ビジネスであれ観光であれ、多くの人々をそのまちに集客し、市民と交流させることにより、そのまちが文化的にも豊かになり、訪問客が落としたお金が経済を潤すことによってまちを活性化させるという発想である。

この発想を都市政策として最初に明確に打ち出したのは磯村隆文大阪市長（当時）であった。当時、関西空港ができたものの大阪は深刻な経済の地盤沈下に見舞われていた。都市経済学者であった彼がたどり着いた結論は集客戦略であった。1993年に「国際集客都市（International Visitors City）宣言」を行い、花と緑万博の開催、天保山ハーバービレッジやワールドトレードセンターの開発、ユニバーサル・スタジオ・ジャパンの誘致、最後は幻に終わった大阪オリンピックの誘致という集客政策を次々に打ち出していった。この集客都市というコンセプトは、観光やコンベンションによる都市づくりを目指していた神戸や横浜、札幌、福岡などで次々採り入れられていった。そしてついに登場したのが2000年に石原東京都知事が発表した「千客万来の世界都市・東京」構想である。さすがに小説家である知事は集客という言葉こそ使わないが、彼の都市政策の基本コンセプトは、東京を世界の人々が集まる世界都市にすることであった。それまで都庁の生活文化局にあった観光部を労働経済局に移して産業政策の柱に据えたり、カジノや東京オリンピックの誘致などの構想を打ち上げて世間を驚かせているのはまさに集客都市の発想そのものだというしかない。

巨大な大都市のビジター人口

これまで大都市に通勤・通学以外でどれだけの人が集まっているかだれも分からなかった。初めてこの問題に取り組んだのも大阪市であった。推計して驚いたのは通勤通学以外で大阪市を訪れたビジターの多さである。2005年11月に発表になった2002年度の大阪のビジター数は年間2億16万人であった。1日平均で言えば56万人が大阪市内にいることになる。これは大阪市の夜間人口が260万人、通勤通学者を差し引きした昼間人口が366万人であることから夜間人口の約21%、昼間人口の15%に相当する人口がビジターだということになる。さらに外国人観光客が年間119万人(1日平均3300人)が加わる。図1に示す通り、大阪市は260万市民のほかに1日約106万人の通勤通学者と56万人のビジターに行政サービスを提供していることになる。このビジターのうち約50％に当たる1億8万人が年間の観光客（ビジネス兼用を含む）であり、残りがビジネスまたその他の用事で大阪を訪れた人である。この外国人観光客を含む大阪のビジター数は1998年から2004年までの5年間で1・8％の増加の増加をしめしている。外国人観光客だけでいえば38％の増加となっている。

ちなみに東京23区が大阪と同じビジターの集客構造をしていたとすれば、区部の昼間人口が2002年で1113万人であるためこれをベースにすると年間6億1600万人のビジターが存在すると推計される。1日平均だと169万人になり、東京23区は809万区民のほかに1日当たり106万人の通勤通学者と169万人のビジターが住む100万都市を二つも抱えていることになるのだ。

これまでわが国の大都市経営においてこのような巨大なビジターの存在が知られていなかったため、都市観光を中心とする集客都市政策はそれなりに行われてきたものの、ビジターを居住者と同じ都市を支える構成メンバーであると認識したことは一度もないはずである。人口減少社会が到来し、世界的な交流社会が始まろうとする今日、あらためて都市に集まってくる訪問者（ここでは大阪市が定義するビジターと通勤通学者の両者と定義する）を居住者と同じく都市を支える担い手として考えるべき時期が来ているのではないだろうか。このような都市をこれまでの集客都市と区別する意味で集客発想都市と呼ぶことにする。

住民発想都市から集客発想都市へ

戦後60年、わが国の都市政策の目標は「住みやすいまち、暮らしやすいまちづくり」であった。このコンセプトはいわば住民発想都市である。60年たってみると郊外の農地の多くが宅地化され、全国どこでも同じような道路や近隣公園がきれいに整備された美しい郊外住宅地ができあがった。この結果生じたのが中心市街地の衰退問題である。そのまちの顔であり、市民が愛着と誇りを持つべき歴史文化が建物や町並みとして残っている中心市街地（まち）が崩壊の危機なのだ。この危機は役所のせいばかりではない。戦後、郷土の歴史をまともに教えられることなく育ち、ビジターが訪れる中心市街地に公共投資を優先させることを良しとしなかった住民発想の市民のせいでもある。

住民発想都市の市民は自分の住んでいるまちを「わがまち」といい、訪問者はあくまでも「よそ者」であって共有意識はさらさらない。観光業者だけが訪問者を「お客様」と呼ぶが、心のどこかで税金を払わないで都市サービスをタダで使う厄介者と思っている。文化の担い手は当然住民で伝統的な歴史文化が尊ばれる。自分たちの税金で賄われる公共施設整備はなるべく自分たちが利用する施設や地域に重点的に行われることを望む。文化施設やスポーツ施設などの公共施設の利用に関しても市民の優先利用権や割引制度を望む。

これに対して集客発想都市のコンセプトは、小泉内閣が2001年に作った観光立国懇談会の提言と同じ「住んでよし、訪れてよしのまちづくり」である。伝統的町並みが残る中心市街地の一部では、住むにはむしろ不便かもしれないが、訪問者に喜んでもらうために誇りをもってそこに住んでる人がいるようなまちである。発想都市の市民は自分の住んでいるまちを訪問者も含めて「われらがまち」といい、わざわざ来てくれた訪問者は自分たちに富をもたらす大事な「お客様」と思っている。訪問者は市民との交流を通じて新しい文化をもたらす可能性があるため尊敬をこめて親切に接する。公共施設も訪問者が利用しやすい場所にわざわざ来た甲斐があったと喜ぶように工夫されたものを整備することに賛成し、訪問者が利用しやすい運営方式を望む。このような市民が多く住んでおり、それが都市の政策に反映しているまちが集客発想都市である。したがって英語で言えばVisitors Cityという和製英語よりも、もっとホスピタリティが感じられるGuest Cityの方がふさわしい訳かもしれない。そういえば昔、講演でラスベガスのラバティ・ジョーンズ市長（当時）がラスベガスは世界最大のゲストシティであるという言い方をしていた記憶がある。

集客発想都市の都市政策（公園事業を例に）

都市政策を住民発想から集客発想に切り替えるとはどんなことなのであろうか。最も住民発想的施設である都市公園を例に考えてみよう。本来、公園は中世の貴族の庭園から発展したもので、市民に開放されて誰でも無料で利用できるようになったパブリックな庭園である。これに対して営業を目的に個人や企業の所有になったものが遊園地である。したがって公園は都市住民のものであり、よそ者であるまちの訪問者が利用する施設ではないというのが伝統的な考え方である。現在の都市公園法もまさにこの精神でできていると言って過言ではない。現在の都市公園は、公園の老朽化が進み公園の維持コストが上昇する中で、国・自治体の財政難も相まって人口減少社会の到来は公園の新設はおろか維持管理さえ困難な状況を迎えている。これに対して昨今、指定管理者制度やＰＦＩなどのＰＰＰ（官民のパートナーシップ）と呼ばれる民営化手法を活用した新たな運営方法の模索が始まっている。しかしながら現在の段階は、公園の管理能力を持つ民間企業のコスト削減ノウハウによる改善にとどまっており集客力や収益力の強化までは到っていない。

誤解を恐れずに言えば、コスト削減には限界があり本質的な問題解決のために必要なものは集客発想による収入の増大しかない。しかしながらこれまで公園事業には集客力や収益力の向上という発想がほとんどなかった。近年、東京都が公園の収入増大策として寄付者の名前とメッセージの付いた「思い出ベンチ事業」や企業広告付き案内サイン事業などの民間資金を活用する先進的取り組みを始めているが、こうした例はきわめて稀である。根本的な収入増大を考えるなら公園事業のマーケティング戦略が必要である。マーケティング戦略を策定するためには最初にマーケティング調査によるマーケティング分析が前提となる。公園事業においては最初に公園の利用者の量と特性を統計的に正確に把握することから始める必要がある。なぜならば無料の公園は利用者のデータがないのが普通だからである。

その上で民間企業の視点から見た収入増大のためのマーケティング戦略を策定する。公園のマーケティング戦略は商品戦略（施設やイベントの魅力度アップ戦略）、価格戦略（入場料の客単価戦略）、販促戦略（広報・宣伝、集客戦略）、流通戦略（輸送・物流戦略）とそれらのミックス戦略法がある。このマーケティング戦略を策定する最大のネックとなるのは公園法や都市計画の用途制約や面積制約や条例による営業時間制約などの様々の行政上の規制である。

利用者が満足するサービスを提供する魅力ある都市公園を再整備するためにはこのような規制がどのくらい緩和できるのかが最大の課題である。現在の都市公園法をはじめとする法規制では民間事業として成り立つ大規模な洒落たレストランもショップもホテルのような宿泊施設も新たに建設することはまず不可能である。今後、規制緩和によって都市公園の機能と調和する民間施設がうまくできれば、都市公園の官民パートナーシップはこれまでと全く違うものになってくるに違いない。

その時、当然見直さなければならないのが公園のサービス圏の考え方のである。街区公園や近隣公園は別としても、地区公園以上の都市公園は、都市公園がそのサービス圏に住む住民のものであるという発想からまず変えるべきなのである。従来のサービス圏を超えた地域から多くの人々が集まり、そこで有料でも満足できるサービスが提供されることが今後の公園事業において重要となる。そこに集まった客の様々な消費活動からの収入によって公園が維持され、公園がさらに良くなっていくという仕組みを作っていくことが集客発想都市時代の公園行政なのである。

このように集客発想都市とは、都市住民だけの負担で都市を経営することから、もともとの行政サービス圏外から集客する都市の訪問者（ゲスト）に対して満足度の高いサービスを提供する対価として収入を得、都市を運営しようという発想をする都市のことである。市外からの訪問者（ゲスト）の多い大都市や地方の観光都市のみならず、多くの都市でこのような集客発想が必要な時代がきているのだ。

- 大阪ビジター人口=2億16万人／年
  20,016万人÷365日=54.8万人／日
- 大阪ビジター人口／大阪昼間人口
  =54.8万人／360万人=15.2%

- 東京区部昼間人口=1,100万人
- 東京区部
  ビジター人口／日=167万人
  ビジター人口／年=6億人

大阪市のビジター人口（2002年）

項　目	住民発想都市	集客発想都市
都市の所有意識	住民	住民と訪問者
訪問者に対する意識	よそ者	お客様
文化の担い手	住民（特に旧住民）	住民と訪問者（特に外国人）
整備重点地域	郊外（住宅地）	都心（中心市街地）
公園整備の重点	住区基幹公園	都市基幹公園、特殊公園
充実重点施設	住宅、スーパー	ホテル、レストラン、劇場、ミュージアム

住民発想都市と集客発想都市の違い

顧客指向の総合地域サービス業へ　～鉄道会社の新しい進路

人口減少時代の鉄道会社の取り組み―遊休資産の積極活用

人口減少時代への突入は、ドル箱路線を抱える首都圏の鉄道会社であっても、もはや大幅な旅客増加は期待できない時代となったことを意味する。これからの鉄道会社にとっては、現在の旅客量やグループ全体としての売上・利益を維持していくためにも、沿線としての差別化・魅力化が重要課題となる。阪神電鉄や阪急電鉄が投資ファンドに狙われたように、鉄道会社は遊休資産を多く持つ。そのため鉄道各社では、本業となる旅客運送業に付帯する様々な資産を活用した取り組みが行われている。

典型的な例が空間資産の有効活用だ。小田急電鉄では、豪徳寺―成城間の高架複々線化に伴って誕生した高架下空間を活用し商業機能を導入するなど、新規に発生した有休空間の積極的活用に取り組んでいる。東急電鉄では、東急田園都市線沿線エリアにある、敷地面積約１６５㎡（約50坪）以上、築10年以上の一戸建を対象とした東急沿線の住み替え促進事業「ア・ラ・イエ」を展開している。同事業では、東急線沿線エリアにおいて、住み替えを希望している中古戸建住宅の所有者から、建物部分のみを買い取り、個性的なプランニングと最新の住宅設備を取り入れた高い機能性を持つ住居にリフォームした後に、土地所有者である個人と建物所有者である東急電鉄が共同で分譲を行うことで、①若年ファミリー世帯の流入増と、シニア層の買い替え促進による人口バランスの維持　②既存住宅のリニューアルによる良好な街並みの保全　③既存建物の再利用による地球環境にやさしい新しい住まい方の提案を目指している。

これらは、これまで鉄道会社が得意としていた安価な簿価で取得した土地を住宅用地として売却するという空間資産活用のビジネスモデルを超えた、沿線の魅力化に資する新たな展開と考えられる。

もう一つの典型例が、鉄道会社が保有する事業資産、「乗降客数」の有効活用だ。「乗降客数」を活用した事業の代表例は「駅ナカ・駅チカ」事業であろう。ＪＲ東日本による大宮駅や品川駅の構内で展開される新たな商業空間「エキュート」や、営団地下鉄による表参道駅の「エチカ」は、予想を上回る集客、空間的魅力により、大きな脚光を浴びている。これらは一見すると鉄道会社にとって、成功が約束された新規事業のように映る。しかし「駅ナカ・駅チカ」事業にも制約がある。

前述したように、「駅ナカ・駅チカ」事業は乗降客数という事業資産を活用することで実現する。加えて、業務の見直しによる遊休空間の捻出、人工地盤の建設による新規床の創出が不可欠である。一定規模以上の乗降客数があり、捻・創出しうる空間をもつという条件を満たす駅は、実は数えられるほどしかない。そのような意味で、条件を満たしうる駅では、「駅ナカ・駅チカ」の創出が進むだろうが、ほとんどの駅は利便性を高める程度の商業機能の付加にとどまると考えられる。

沿線の魅力化に資する「駅ナカ・駅チカ」―「線」ではなく「面」としての集積形成

「駅ナカ・駅チカ」事業の代表例として「エチカ表参道」に着目しよう。

「エチカ表参道」(2005年12月2日開業)は、新しく生まれ変わる表参道駅の中核施設として誕生した。フードコートを中心とした広場と、ファッション、雑貨などの物販店舗やエステティックサロン、ネイルサロンなどで構成される四つのゾーン、262店舗で構成され、食・ファッション・美のトレンドの場の提供を目指している。これまでの駅空間とは明らかに異なる上質な商業空間、新しいテナント集積が実現されている他、他の「駅ナカ・駅チカ」と異なるいくつかの特徴がある。

一点目は、20～40代の女性という特定のメーンターゲットを設定したことだ。表参道という立地特性が大きく影響したと考えられるが、通常、鉄道会社は鉄道運行業という事業の性格もあり、ターゲットの明確化を好まない。駅の付加価値を高めていくために、あえて戦略性を前面に押し出した、極めて意欲的な取り組みと考えられる。

二点目は、ターゲットを明確化しつつも、表参道という街との共生に配慮したことだ。表参道という街は、高級ブティック街、トレンド性の高いアパレル・雑貨集積街としての色彩が強く、気軽な飲食・リラクゼーション関連サービスが不足している。「エチカ表参道」では、街と競合するのではなく、意識的に街に不足している機能を補完するテナントを集積させることで、街を訪れる人に対するサービス向上を図っている。これは、駅だけでなく、街としての集積の魅力向上につながる可能性を持つ。

すなわち「エチカ表参道」の誕生は、表参道を通勤・通学で利用する20〜40代の女性層のライフスタイルに影響を与え、ライフスタイル提案という新たな情報発信を可能にした。また、駅の魅力化を通じて新規需要を創出したことにより、表参道の街中の商業集積に対し、需要を吸い上げるのではなく、プラスの影響を与えたのだ。

鉄道会社による事業資産の活用は、自社の利益を優先するあまり、限られた地域内のパイの奪い合いに終始し、駅の外側（街）の活性化には結びつきづらい結びつきづらいという側面を持つ。しかし、「エチカ表参道」での取り組みの先には、街の一部としての駅が乗降客を増やすこと＝地域全体のパイ拡大となることで、鉄道会社と街、顧客となる利用者のトリプル・ウィンが実現される可能性があることを示唆している。「線」ではなく「面」としての集積形成が、沿線の差別化、魅力化のために重要なのだ。

三つめの資産 ―沿線住民との新たな関係性を構築しうる経営資産（人材、ノウハウ）の活用

これまでの鉄道会社は、都心部への通勤・通学の便利な足としての役割を果たしてきた。しかし人口減少時代において、沿線住民の鉄道の使い方・鉄道との関係性は大きく変化していく。団塊世代は２００７年以降一斉に定年退職を迎え、鉄道を通勤の足として利用しなくなる。商業施設が集積し多くの買い物客が訪れたターミナル駅に対抗するように、地方都市立地と思われていた大規模商業施設が首都圏郊外にも迫ってきている。例えば、日産村山工場跡地では、２００６年秋に売場面積9万㎡となるダイヤモンドシ

ティ立川・武蔵村山ショッピングセンターが開業予定である。日常の生活圏への車利用型施設の増加は、地域における鉄道や駅の存在感の低下を招くという危険性をはらんでいる。

このように、今後予想される、沿線に居住していながら鉄道を利用しない人の増加を所与として、沿線住民と鉄道の関係性の変化に合わせた戦略の展開が求められている。すなわち鉄道各社は、地域との新たな関係性を意図的に構築し、沿線ブランドの価値向上に貢献することで、新たな収益源を確保することが望まれている。そのための有力な戦略は、鉄道会社本体のみならず、幅広く展開するグループ企業が保有する経営資産（人材、ノウハウ）を活用し、官民協働が進む公共・公益市場で新たなパブリック・ビジネスに参入することである。

鉄道会社によるパブリック・ビジネス参入の意味

鉄道会社によるパブリック・ビジネス参入の事例として、2005年4月に開業した「高尾の森わくわくビレッジ」があげられる。これは、閉校した東京都立八王子高陵高等学校を改修・整備し、体験型コミュニティパークとする改修型PFI事業である。地域の暮らしと密接な関わりを持つ京王グループと社会教育の豊富なノウハウと経験を持つ東京YMCAグループが共同で企画運営を行っている。京王グループは、京王電鉄（事業

高尾の森わくわくビレッジ、開業の様子

全体のマネジメント）、レストラン京王（レストラン運営）、京王設備サービス（施設維持管理）、京王建設（設計・建築工事）、環境デザイン研究所（設計）、京王観光（旅行企画）、京王エージェンシー（ＰＲ・イベント企画）などグループの総合力を活用した役割分担で、事業を展開している。

京王電鉄による沿線でのＰＦＩ事業への参入は、グループの資産である人材やノウハウを東京都の保有資産と連結させることで有効活用し、収益事業へと結びつけた例である。これまで装置産業として展開してきた鉄道会社からみると、大きな事業形態の転換である。自前主義から脱却し、もたざる経営へシフトチェンジすることで、地域住民向けの新たなサービス提供を通じ、地域との新たな関係性の構築が可能となる。結果として、既存の沿線住民の沿線に対するロイヤリティや、非沿線住民の沿線への認知度を高める。

居住地と通勤・通学地を結ぶという線としての事業展開から、顧客指向の総合地域サービス業としての面としての事業への展開、パブリック・ビジネスへの参入は、鉄道会社の新たな事業展開にとって大きな可能性を秘めている。

街との共存が本当の新機軸

鉄道会社の新しい収益源として空間、事業、経営という三つの資産の有効活用についてみてきたが、実はこれらは鉄道会社にとっての本当の新機軸にはなりえない。なぜならば、いずれも旅客運行業に付随した、いわゆる「おまけ」事業にすぎないからである。

翻って人口減少時代の鉄道線路敷をみると、都心部やターミナル駅を除き、ほとんどの駅前で商店が減少し、オフィステナントも空室率が上昇している。駅前を中心市街地と考えれば、国や地方自治体を中心に、中心市街地活性化に関する様々な取り組みがなされてきている。2006年には、郊外の大型SCを大幅に規制するまちづくり三法が改正される。しかし、そもそも駅が地域の中心としての役割を果たすことができれば、駅前中心市街地は経済的に活発であろうし、鉄道乗降客数

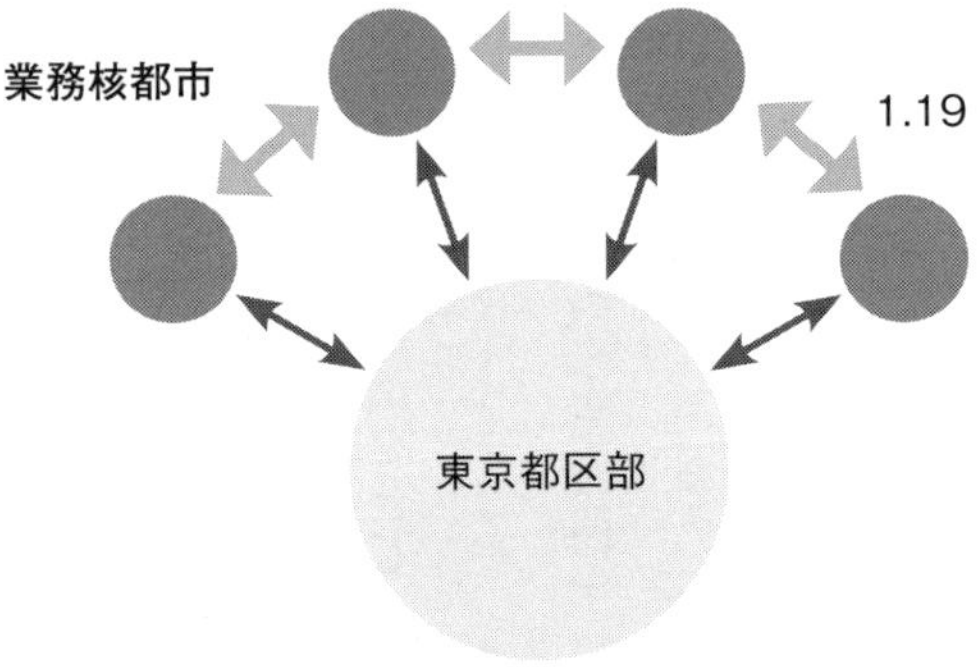

〈通勤を目的とした人の流れ〉
※通勤目的トリップ数の増減率(1998 ／ 1988)

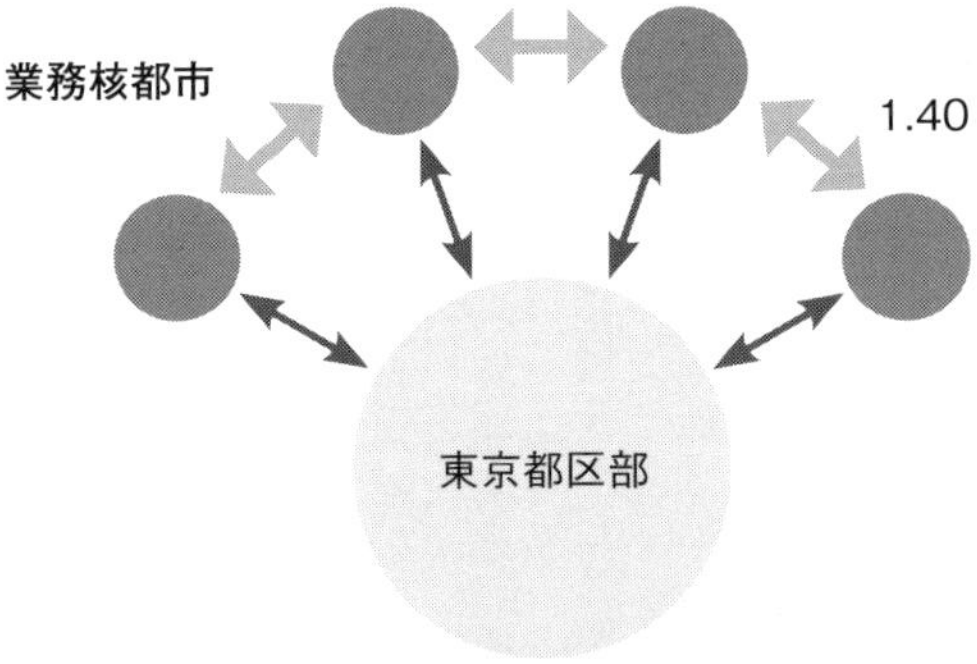

〈買物などを目的とした人の流れ〉
※私事目的トリップ数の増減率(1998 ／ 1988)

放射方向から環状方向への移動の増加(東京圏の目的別移動の伸び率)
資料：国土交通省「平成14年版首都圏白書」

もそれほど大きな減少にいたることはないだろう。
そのように考えると、鉄道会社が今後になうべき重要な役割は、駅を中心とした市街地活性化なのではないか。鉄道会社という資金力も経営資源も多く有する企業がこれに関与することで、混迷する市街地活性化に新しい活路を見出すことができるように思う。鉄道会社も旅客以外の新しい需要を取り込む新機軸の開発が可能になる。前述した資産を有効活用するにあたっても、鉄道会社に求められることは、地域との共存であった。これからの鉄道会社は、地域との共存の中で新しい価値を形成していく力を持ちうるかでその真価が問われるのではないだろうか。

【参考文献リスト】
東急電鉄『ニュースリリース』2005年4月26日
東京地下鉄株式会社『エチカ表参道資料』2005年12月2日

エキナカ商業施設「エキュート」が創造する駅の付加価値

ＪＲ東日本ステーション
リテイリング

顧客本位の発想で生まれたビジネスモデル

人口減少時代は消費者減少時代でもある。その意味では国や地方の財政に影響を与えるだけでなく、企業活動そのものに大きな影響を与える。とりわけ、沿線住民の利用を前提にした鉄道事業者にとって、人口減少は即、利用者減につながる深刻な問題だ。鉄道という公益性の高い事業を人口減少時代にも魅力あるものにするためは、鉄道そのもののバリューを高める必要がある。こうした中、ＪＲ東日本は２０００年に駅の付加価値を高めることを目的に「ステーションルネッサンス」を打ち出した。エキナカ商業施設「エキュート（ｅｃｕｔｅ）」を展開するＪＲ東日本ステーションリテイリングの取り組みを通じて、鉄道の付加価値ビジネスを見た。

ＪＲ東日本が２０００年に発表した中期経営計画に盛り込んだステーションルネッサンスは、電車を乗るための施設である駅を、「人が集う」施設に変えようというものだった。都心部のＪＲ各駅では駅を中心に繁華街が広がっているが、駅そのものには商業施設が付帯施設として設置されていないケースがほとんど。渋谷や上野などＪＲ東日本のターミナル駅でさえもが、商業施設としてほとんど利用されていなかった。ステーションルネッサンスは、こうしたターミナル駅を集客施設と位置付け、新たなビジネスを展開しようというコンセプトで生まれた発想だった。

このステーションルネッサンスを具体化したのが、上野駅に誕生した「上野アトレ」。駅の改札外に設置した駅ビル方式のショッピングモールだが、ブランドショップなどをうまく配置し、駅のイメージだけでなく、上野という街のイメージさえも明るいものに一新させた。事業としても予想以上に成功、飲食店などは夕方になると長蛇の列ができるほどだ。

上野アトレの成功がステーションルネッサンスをさらに加速させた。２００４年、ＪＲ東日本ステーションリテイリングは「駅構内開発小売業」というまったく新しいコンセプトのビジネスモデルを具体化するため設立された。改札外から改札内のビジネスモデル、鉄道利用者の利便性を高めるため、より付加価値の高いサービスを提供する。鉄道事業者としては至極当然の発想と言えるが、「鉄道輸送が鉄道会社の仕事」という発想に立っていたこれまでとはまったく異なる考え方でもあった。

ステーションルネッサンスにより、中核駅はレイアウトが見直され使いやすくなると同時に、人工地盤が建設されて利用可能な空間が拡大、商業施設の建設が可能な床面積が確保できるようになった。エキュートはこの拡大した床面積を活用して整備された。「駅に商業施設を造るというのは口で言うほど簡単なことではないんですよ」。ＪＲ東日本ステーションリテイリングの鎌田由美子社長は、エキュート展開の難しさをこう語る。

「そもそも駅は鉄道を利用するお客様に安全を提供する施設です。この施設の持つ本来の機能を維持・向上させながら商業スペースを生み出すのは大変なことなんです」。鎌田社長が指摘するとおり、駅は安全であるというのが前提だ。しかし、乗客数が減少し、鉄道会社が企業として成り立たなくなってしまっては、経営の根幹とも言える安全の確保さえ難しくなってしまう。

「駅が安全というのはお客様の立場からすれば当たり前のこと。駅の中がもっと便利になればお客様に喜ばれる。そうした考えに立って、エキナカビジネスを展開することにしました」（鎌田社長）。

これまでも駅舎内に商業施設がなかったわけではない。ＪＲ東日本で見れば、「キヨスク」を経営する東日本キヨスクや日本レストランエンタプライズ、ジェイアール東日本フードビジネスといったグループ企業が駅構内ビジネスを手がけている。こうしたグループ企業とＪＲ東日本ステーションリテイリングはどこが一番違うのだろうか。

「キヨスクなど既存の構内店舗はあくまで単店完結型。お店自体も小規模でちょっとした買い物や軽食に対応するためのビジネスで、目的性のある商業施設というわけではありません」（同）。一方、エキュートは駅構内のコンコースを売り場と一体化した大規模商業施設。駅構内のレイアウトそのものと融合してしまおうという、まさにコアビジネスである鉄道事業とリンクした本格的な商業ビジネスだ。

JRステーションリテイリング　鎌田由美子氏

２００５年３月に第一弾として「エキュート大宮」が、同年10月には品川がオープン、２００７年度には立川がオープンする。大宮、品川の売り上げは予想以上。インターネットに開設したブログの書き込みを見る限り、「利用者にも好評だと手応えを感じている」（同）という。エキュート開設に当たって鎌田社長ら同社スタッフは利用者のターゲットを絞り込んだ。大宮は20代から30代の通勤通学客、品川はビジネスパーソンが主な顧客層になると目算をはじき、この主要購買層からいかに顧客層を広げるかをテーマにしていた。ところがふたを開けてみると意外にも40代から50代のビジネスマンの利用者も多かったのだという。

「デパートの地下食品売り場にはちょっと行きづらい。でもちょっと買い物がしたい。しかも、買うものにはこだわりがある。40代、50代の男性のそうした思いにエキュートはピッタリはまったのでしょう」と鎌田社長は分析する。実際、明るく、こぎれいで、オープンなイ

メージがするエキュート品川では、多くの男性が買い物している姿を目にすることができる。

さらに、店舗によっては夜遅くまで開いているというのも魅力の一つだ。「遅い店は夜11時半まで開いています」（同社）。仕事帰りにちょっとした買い物を、という利用者の希望をまさに実現させていることが予想以上の売り上げに結びついていると言えるだろう。

エキュートの利用者が多いのは昼と夜。朝がちょっと弱いのだという。新聞など朝にある程度の売り上げが見込めるキヨスクなど既存店舗との一番の違いはここだ。しかも土曜日でも売り上げが落ちない。通勤客の利用がほとんど見込めない土曜日に売り上げが見込めるというのは、エキュートを目的に電車に乗る人がいるということでもある。「人が集う駅」というステーションルネッサンスのコンセプトが確実に顧客にまで浸透、駅の再生が鉄道事業そのものの再生へと波及しつつある。

駅の魅力を地域の魅力にしたい

エキュートの成功は、駅周辺のまちづくりにどんな影響を与えるだろうか。買い物も食事も駅構内で完結してしまえば、駅前の商業が廃れてしまうことも懸念される。こうした見方に対して鎌田社長は「いくら街に魅力があっても、夜はコンビニエンスストアしか開いていない。街の中心部にある駅の中に遅くまで開いている店があることは街の魅力をさらに高めるための材料になるはず」と反論する。「この駅にはエキュートがある」。それが街の付加価値になり、街に住みたくなるポイントの一つにエキュートが加えられること。それが鎌田社長の夢でもある。

まちづくりという観点で見るとエキュートに出店する商業店舗に地元企業を加えるという視点も必要だ。地元の特色を駅中で体感してもらい、人の流れを外に向かわせる。そうすることが地域との共存に結びつくからだ。ただ、現在、地元企業の数は多くはない。「駅構内にあるエキュートには休みがありません。しかも、一定以上の製品供給能力が求められます。そのため、オペレーションの関係でお断りされたお店もあります」。イベントスペースなどを活用した期間限定の出店などを通じて、地元との共生を図っていくということも方向性の一つだ。

「出店を促すというだけが地元との融和ではありませんよ」。鎌田社長は保育園やクリニックなどをエキュートに設置することを通じて地域との共生を図っていく考えを強調する。乗降客だけでなく地域にも便利を提供する、利用者本位の考え方がここにも現れている。実際、立川には保育園、クリニックの設置を予定。「始めるからには人気のある保育園、クリニックにして地域に貢献したい」(同)。「あったらいいな」。地域の人々や乗降客が日頃思っていた駅を現実の駅へ。エキュートはまさに地域や鉄道利用者に快適さを提供する顧客本位のビジネスモデルと言えるだろう。

コミュニティ・ビジネスの将来展望

注目されるコミュニティ・ビジネス

近年地域における社会性を重視する身の丈にあったコミュニティ・ビジネスが注目されている。公共サービスの担い手や地域づくりの一主体としてとして市民の力が認識され始めたこと、地域再生として地域に新規雇用を生み出す事業としての期待などがその背景にある。戦後わが国は経済成長を遂げ、行政サービスの充実化により福祉国家を実現してきたが、一方で市民のニーズは多様化し、行政の画一的なサービスでは質的に需要を満たせなくなってきている。今後、少子高齢化で公共サービスに対する需要が増加するとさらに量的・質的に需給ギャップが生じる可能性がある。コミュニティ・ビジネスはそのギャップを埋める主体としても期待が集まっていると考えられる。

コミュニティ・ビジネスは論者によってその定義は異なるが、概ね「地域に基盤を置き、社会的な問題を解決するための活動」と言える。コミュニティ・ビジネスの多くは地域に根ざし草の根レベルで事業を営んでおり、ＮＰＯ法人の形態をとることが多いが、株式会社や第三セクターの組織形態をとることもある。総務省編『地域づくりキーワードＢＯＯＫコミュニティ・ビジネス』（２００５年）では、特徴的な事例として10の事例を紹介しており、福祉サービスやまちづくり活動が全国各地で展開されていることがわかる（図表3－7－1）。また、いわゆる「地域おこし」として、特産品開発や観光交流を目指す事業もコミュニティ・ビジネスに含められることが多い。例えば、おやきの製造販売を行う「小川の庄」やゆず加工品を販売する馬路村の農業協同組合、ガラス加工販売とまちづくりを行う「黒壁」などが有名な事例として挙げられる。

なお、中小企業白書（2004年）のコミュニティ・ビジネスに関する全国調査における調査によれば、コミュニティ・ビジネスの事業分野としては、高齢者福祉、障害者福祉、地域内交流活性化などに従事する団体が多い（図表3－7－2）。

団体名	事業概要
NPO法人旅とぴあ北海道	高齢者や心身にハンデを持つ人々が自由に旅ができるよう「旅は生きるエネルギー」をキーワードに介助ボランティアが同行するツアー事業を通じてバリアフリーの地域づくりを実現
NPO法人活き粋あさむし	急激な少子高齢化と温泉業の不振に危機感を募らせた若い世代が中心となって活動しており、「健康なまちづくり」をテーマに高齢者向けのコミュニティレストラン、子供向けのコミュニティスクールなど温泉地・浅虫ににぎわいを取り戻す事業を展開
NPO法人庄内市民活動センター	障害を持った人々の社会参加・就労の場である小規模作業所と地元の花き生産農家とが連携し、地場産の花を地域住民宅へ届ける「花HANA宅配便」を実施
NPO法人コミュニティNETひたち	IT技術の専門知識を活かしてシニア世代のパソコン教室を開くほか、小学校情報教育サポートなどで地域の情報リテラシーに寄与
NPO法人ちば地域再生リサーチ	築30年以上の大型団地の商店会や住民と連携し、団地住民を対象にリフォームのサポートや買い物代行サービスを行う生活支援事業をスタート
農事組合法人食彩工房たてやま	特産品づくりに取り組む農村女性グループが、地域に伝わる郷土食「かんもち」の商品化に成功し、“手づくり・本物・地場産”にこだわった素朴で安全な加工品の製造、販売に着手
NPO法人京都コミュニティ放送	京都の中心部に誰でも気軽に情報の発信者になれる放送局を設立。市民が会員となり番組作りに取り組むシステムを構築
NPO法人Net商店街くれ	地域密着型のポータルサイト「ワイワイくれ」を開設、Net商店街の賑わいを地域の活性化に連結
NPO法人学生工作隊	人手不足に悩む農家と農業に関心を持つ農村近郊の都市部の学生・シニア・主婦をマッチングさせる農作業支援事業を実施。営農を続けられなくなった農家から作業受託した農地保全事業も実施
NPO法人伊万里はちがめプラン	次世代に引き継がれる地域資源循環型ビジネスを目指し、生ごみの堆肥化、菜の花栽培と廃食油の燃料化、有機農産物ブランドの販売支援を実施

図表3-7-1　コミュニティ・ビジネス事例

資料：総務省編（2005年）

コミュニティ・ビジネスの自立性

コミュニティ・ビジネスの特徴は、社会的意義を追求した事業でありながら一定の収益性を目指すという点にある。しかし、一部の事例を除くとその収益性は決して高くなく、小規模で給与水準も低い。厚生労働省の2004年度全国調査によれば、従業者規模15人以下が全体の5割、時間当たり賃金も常勤で約1200円である。特にNPOやワーカーズコレクティブでは、時間当たり賃金が600円を下回っている。それでもコミュニティ・ビジネスが成り立っているのは、高齢者や主婦層がやりがいを持って事業を支えているほか、外部支援としての行政の補助金などを活用

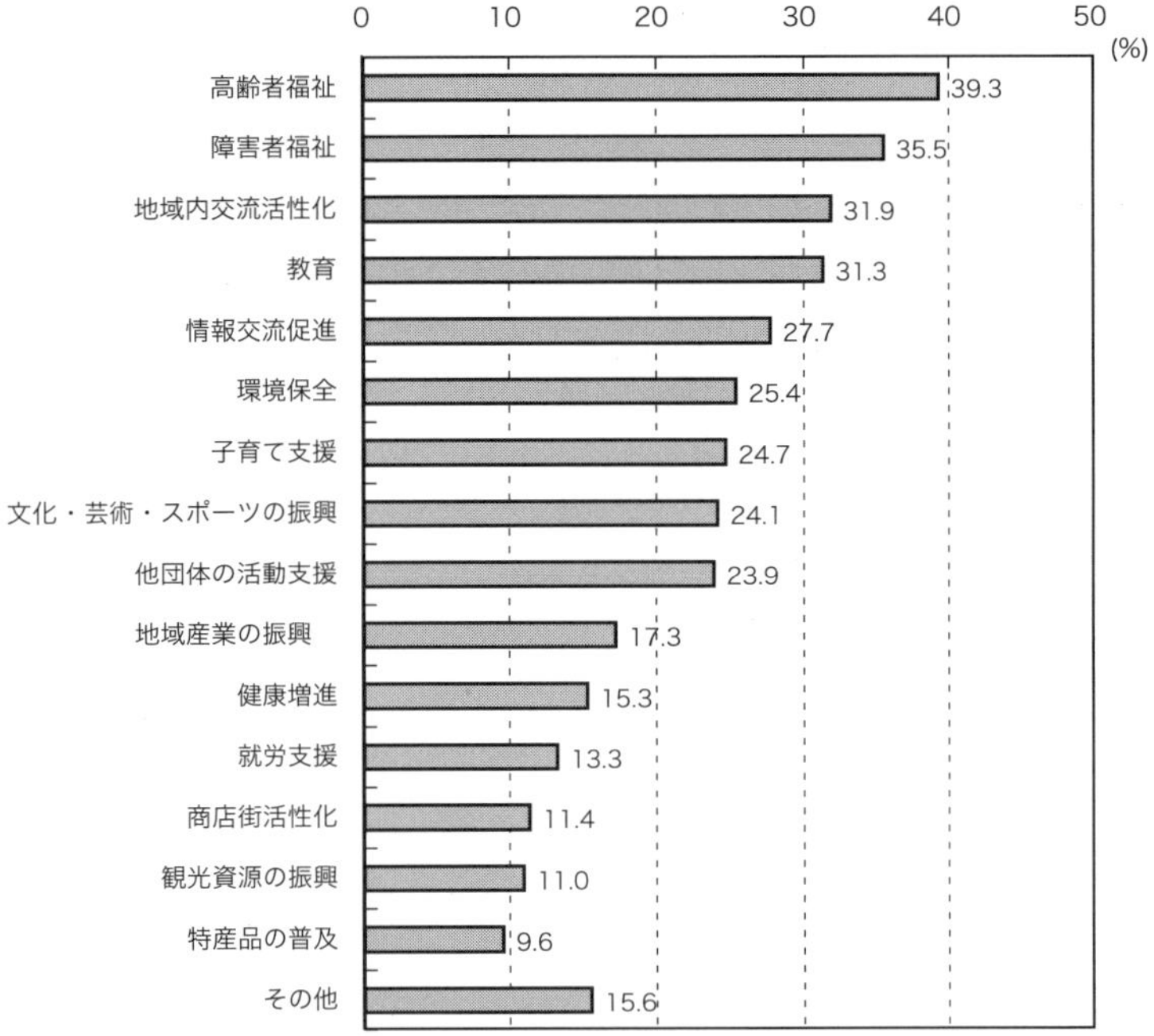

図表3-7-2　コミュニティ・ビジネスの事業分野
資料：中小企業庁（2004年）

しているためである。

日経産業消費研究所のアンケート調査結果（２００５年）によれば、都道府県・政令指定都市のうち、73・6％がコミュニティ・ビジネスを支援しており、主として普及啓発、ノウハウ提供、補助金提供を実施している。地域のために志を持って行っている事業を支援するということはそれ自体望ましいことではある。しかし、単純な啓発や事業立ち上げ時のみの助成メニューの提供にとどまってしまうと、事業に発展性・継続性が生まれてこない恐れがある。またコミュニティ・ビジネス側については民主的な事業運営を重視したり、草の根の活動として地域に欠かせない事業を続けることは社会的に意義があることであるが、自立したビジネスのレベルを目指すためには、戦略的に市場を形成して事業の足腰を強くする方策が求められる。以上を勘案すると、今後のコミュニティ・ビジネスの発展可能性は、地域レベルでの官民協働と社会起業家の登場がカギを握っていると考えられる。

地域レベルの官民協働

地域レベルの官民協働は、行政のアウトソーシングによる市場形成とコミュニティ・ビジネス側の戦略的対応が重要である。まず地方自治体からコミュニティ・ビジネスへの事業委託は欠かせない。コミュニティ・ビジネスはいわゆる公共分野で活動をしているが、当該分野で自治体がすでに事業を行っている場合、事業活動がニッチ分野での活動に制限されてしまう。これまでも行政のアウトソーシングは清掃や給

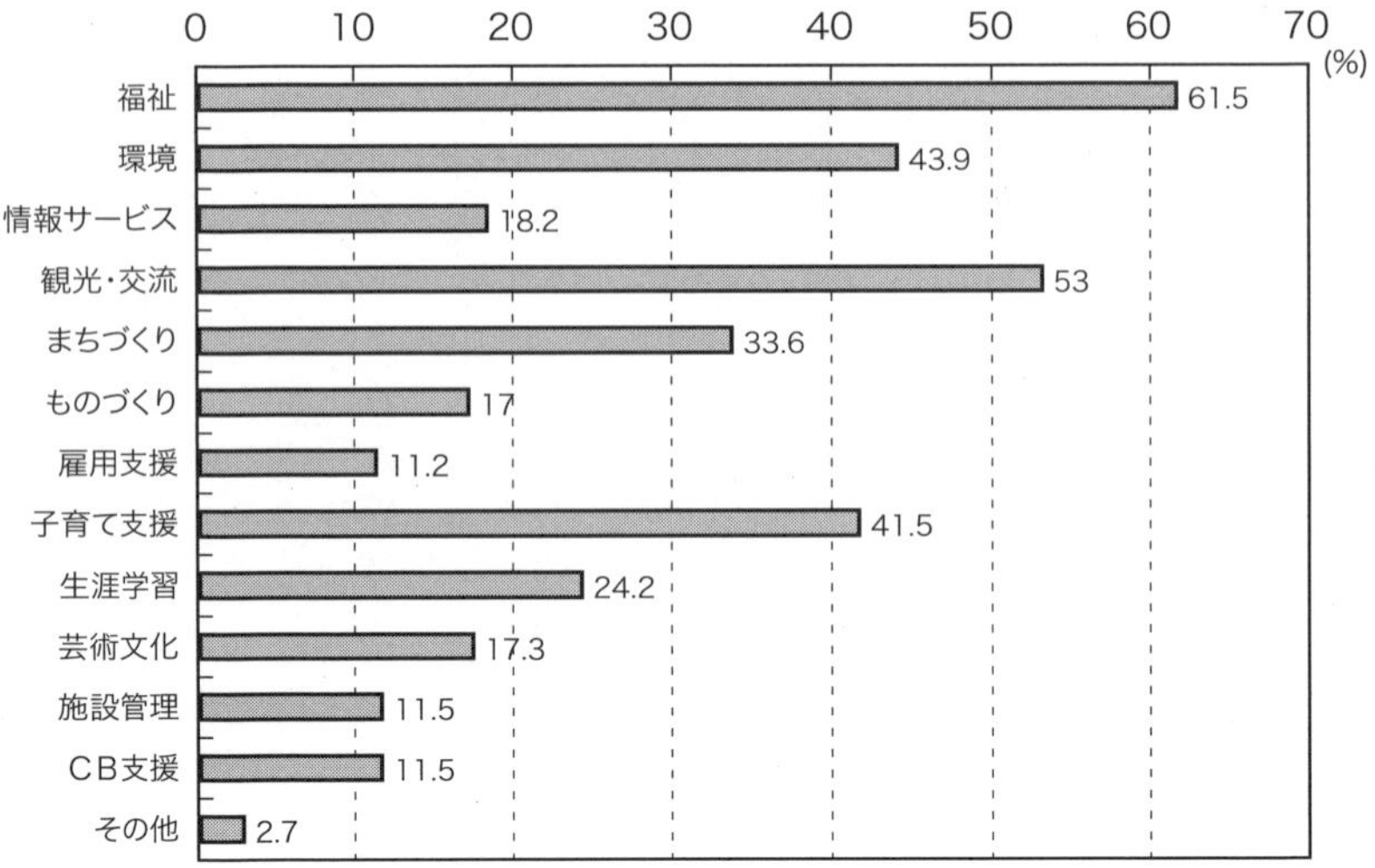

図表3-7-3　今後コミュニティ・ビジネスに委託できそうな業務分野
資料：経済産業省（2002年）

食・配食サービスなどの様々な分野で進められてきているが、コストや法令制限などの側面から行政の論理として外部化しやすい事業を外部化してきたにすぎないとも言える。コミュニティ・ビジネスを含めた民間市場形成のためには、自治体として実施すべき事業のミッションを体系的に問い直しつつ、行政のコアコンピタンスを見出し、その上で、コア業務以外の事業についてはコミュニティ・ビジネスを含めた民間に外部委託を実施することで市場を形成することが求められる。

事業委託に当たっては、まずその目的を明確化する必要がある。費用対効果や効率性を重視する場合は、市場原理の導入にあたって少数の事業者による寡占市場になっていないか、あるいは過当な価格競争を引き起こし、サービスの低下を招かないかといった点に留意する必要がある。協働や住民参加、団体の育成そのものなどの政策目的を重視する場合は、委託に伴う説明責任として事業者選定の基準を公開し、対等なパートナーとして意見を尊重するとともにサービス水準が保たれるように留意する必要がある。なお、事業内容と事業者選定のマッチングにあたっては地域を良く知る中間支援組織（インターミディアリー）を媒介とするのも一つの手だろう。

ではコミュニティ・ビジネス側は行政の事業の民間開放をどのように考えればよいか。コミュニティ・ビジネスは地域の課題を解決するために住民が自発的に立ち上げる事業であり、事業の利益そのものが目的ではない。したがって、利益追求のために行政の補助金メニューに自らの事業を合わせたり、受託した事業に追われて自らのミッションを見失うことは本末転倒である。ただし、活動資金やノウハウ蓄積、団体の知名度の向上のために事業委託を戦略的に「活用」するという考え方はありえるだろう。

経済産業省の全国の自治体に対する調査（２００２年）によれば、コミュニティ・ビジネスへの委託が今後想定される分野としては、高齢者福祉や子育て支援、観光交流などが大きい（図表3-7-3）。また施設管理も今後は指定管理者制度で民間開放が進んでいくことを考えると、民間事業委託が実施される可能性は大きい。なお、委託に際して行政側は実績のある業者に発注する傾向が強く、コミュニティ・ビジネスが高度なノウハウや実績を有する通常の民間企業とは勝負することは困難であると考えられるため、自らの強みを発揮できる分野として、地域密着型の対人サービス提供や小規模施設の管理などの事業委託を狙うことが有効と考えられる。

社会起業家によるイノベーション

コミュニティ・ビジネスの発展に欠かせないもう一つの条件が、社会起業家の登場だ。資金やマンパワーなどリソースに乏しい中で広がりのある事業を行うには、逆境に負けずにイノベーションを起こす必要があり、社会起業家はその役割を担う。最近では老人向け緊急通報サービス会社を創業した安全センターの大村弘道氏、日本初のインターネット・ハイスクールを設立したアットマークラーニングの日野公三氏、障害児のためのおもちゃづくりから共用品市場を生み出した共用品推進機構の星川安之氏などが挙げられる。いずれも現場や地域のニーズから出発しつつも、継続的な仕組みとして事業活動を軌道に乗せている。地域での身の丈サイズにあった事業展開を図るのも一つの方法であるが、コミュニティ・ビジネスの分野がダイナミックに発展していくためにはこうした新しいタイプの社会企業家の存在が欠かせない。

社会起業家は人為的に育成することは困難な側面もあるが、きっかけづくりとしては、創業コンテストの実施が考えられる。兵庫県では90年代からコミュニティ・ビジネス創出のためのコンテスト事業を実施しており、近年では渋谷にあるＮＰＯ法人ＥＴＩＣで、参加資格を若者に絞ったソーシャルベンチャーコンテストを開催している。こうした取り組みによって様々な年齢層の参加が推進され、新しいコミュニティ・ビジネスが創出されることで地域が活性化していくことになる。ただし、カリスマ的な起業家への過度の依存は経営の持続可能性・安定性という点で脆弱である。起業後の事業の継続に対する支援として、継続的に資産を提供したり、人材を紹介できるような仕組みの構築も今後は求められる。

「新しい公共」としてのコミュニティ・ビジネス

現在わが国のコミュニティ・ビジネスはまだまだ未成熟な部分も多い。しかし、行政サービスが発達する前の時代は、わが国でも「結」など住民の相互扶助の仕組みとしてコミュニティ機能が発達していた。沖縄など地理的に不便な地域では住民が共同出資して事業を行う「共同店」が展開されていた。それは生活していく上で必要に迫られていたからであろう。今後人口減少・少子高齢化社会を迎える中で、特に地方では地域の社会的ニーズに応える存在が必要不可欠であり、そのためには行政が肥大化するのではなく、市民・行政・企業の地域全体で知恵を絞ってコミュニティ・ビジネスを育てていく必要がある。つまり生活していくうえで、過去のコミュニティとは違う形で「新しい公共」を改めて再構築する必要に迫られていると考えられる（図表3-7-4）。

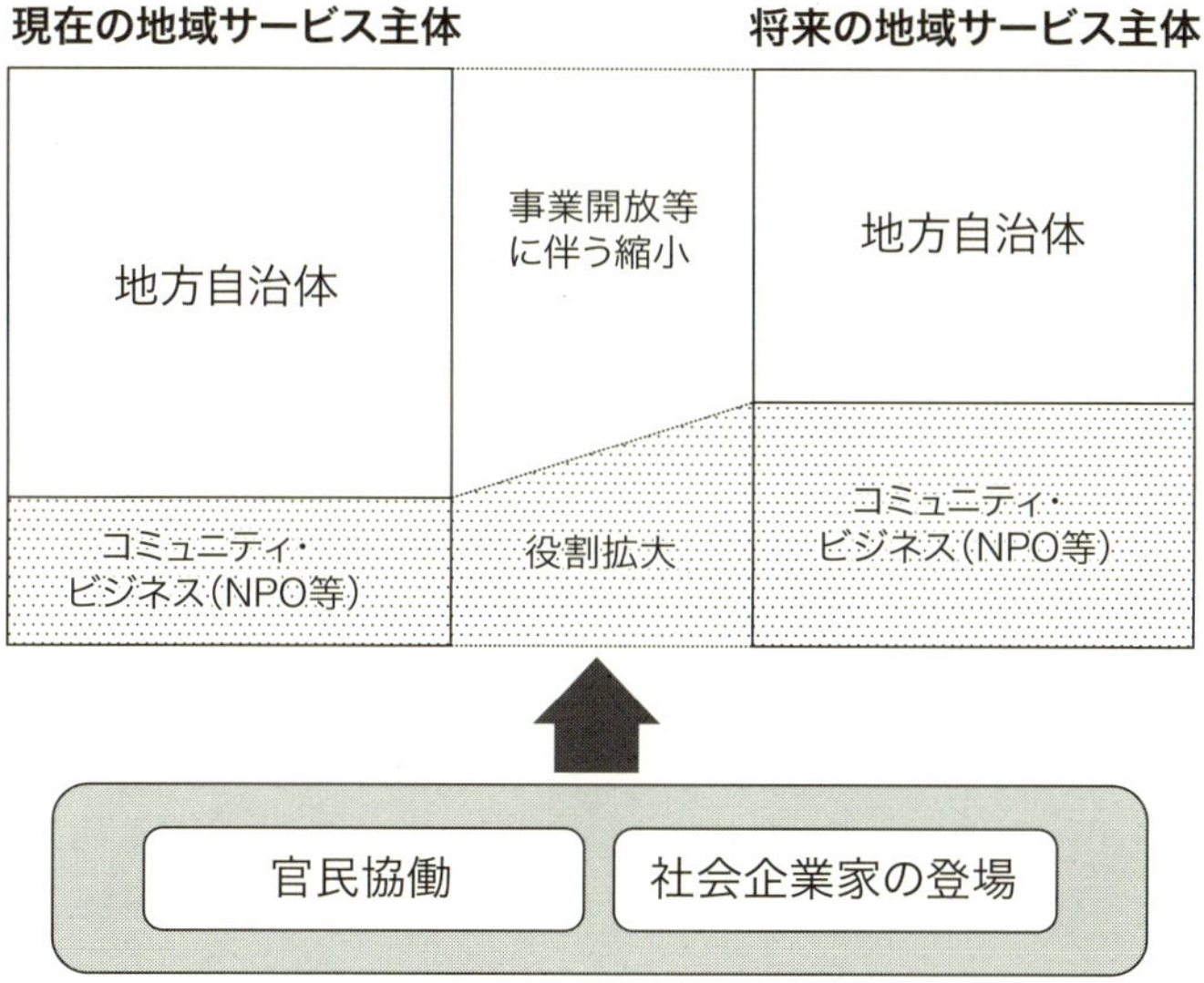

図表3-7-4　コミュニティ・ビジネスの将来展望
資料：筆者作成

住民参加を伴うコミュニティ・ビジネスの育成は一朝一夕にできるものではなく、中長期的に地域のパートナーシップを見据えた取り組みが必要である。例えばイギリスでは対等なパートナーシップを重視しており、コンパクトという協定や「地域パートナーシップ戦略」を作成し、多様なステークホルダーによる地域ガバナンスを構築しようと官民をあげて地域づくりに取り組んでいる。わが国も足元の地域から新しい公共のあり方を模索していくことが求められる。

【参考文献】

総務省編『地域づくりキーワードコミュニティ・ビジネス』２００５年

中小企業庁『中小企業白書』２００４年

厚生労働省『コミュニティ・ビジネスにおける働き方に関する調査報告書』２００４年

若杉敏也・西岡順平『特集コミュニティビジネス　進化する支援策　見えてきた課題』（日経グローカルＮＯ・32）２００５年

経済産業省『コミュニティ・ビジネスにおける自治体などとコミュニティ活動事業者の連携による地域経済活性化事業実態等調査研究』２００２年

町田洋次『社会起業家　〝よい社会〟をつくる人たち』（ＰＨＰ新書）２０００年

斎藤槙『社会起業家―社会責任ビジネスの新しい潮流』２００４年

「ものづくり」のこれから

～東アジアの中の一大産業集積地日本に向け、地域に求められるもの～

地域の産業再生を考えるにあたり、対象とする産業は、地域の外部にものやサービスを提供して外貨を稼ぐ分野と、地域の内部の需要に対応してものやサービスを提供するなど地域の内部での経済の循環を高める分野に大別できる。農業や観光は主に前者、商業やコミュニティ・ビジネスは主に後者になろう。本節では、地域外から外貨を稼ぐ部分として大きな役割が期待される製造業を中心とした「ものづくり」のこれからについて見ていく。なお、ここでは「ものづくり」を、何らかの製品を作り出すために必要なマーケティングや研究開発段階から設計、製造、販売とそれらに関わる各種のネットワークやサービスまで含む、広義にとらえておきたい。

わが国にとって不可欠な海外からの外貨獲得に、「ものづくり」は大きな役割を果たしている。その今後を、都市・地域の再生の観点からとらえることは、同時に、わが国経済の今後を考えることとも密接にからんでくる。そのこれからを考えるにあたり、物流や情報通信網の充実に伴う距離という障壁の格段の変化を背景としたグローバル化の進展、東アジアにおける経済統合への動きを充分に踏まえることが重要である。

人口減少時代にあって、産業再生は地域にとって今まで以上に重要

ところで、「ものづくり」をはじめとする産業の再生は、都市・地域の再生を考えるにあたりなぜ必要なのだろうか。

三菱総合研究所が、2004年に有識者を対象に実施したアンケートで、『今後、3～5年程度を考えた場合、地域経済の成長の違いによる、個人の居住地や就業地の選択への影響』について聞いてみたところ、「大いに影響する」と「影響する」を選んだ人があわせて9割をこえていた。

人口減少時代を迎え、国内での地域間の人口の獲得競争は、一層厳しさを増す。人口の増減は、地域内での経済循環を高める産業にも大きく影響するなど、地域の経営、ひいては地域の存続にも大きな影響を及ぼす最も基本となる指標の一つである。その人口の増減を左右する人口の社会移動に、地域の経済活動やその成長性の違いが影響する結果である。

地域の産業再生は、住民にとって、あるいは、長男長女時代に子ども達がどこに住むかという問題と結びつく重要なテーマである。雇用機会やビジネスチャンスを求めて人が動き、それに伴い様々な投資も行われる中で、人口増は地域の好循環を生み出す、重要な指標の一つになる。

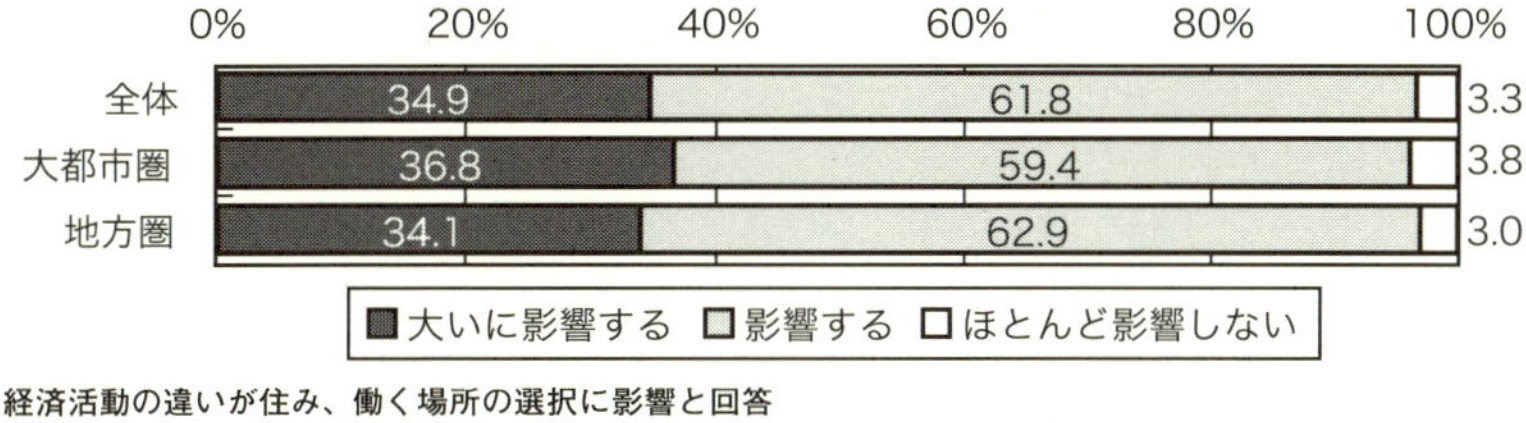

経済活動の違いが住み、働く場所の選択に影響と回答
3～5年程度を考えた場合、居住地や就業地の個人の選択への地域経済の成長の違いによる影響
資料：株式会社三菱総合研究所　有識者オピニオン調査

こうした環境のもと、地域外から外貨を獲得できる「ものづくり」、知恵と工夫で付加価値を高め、より多くの外貨を獲得できる「ものづくり」は、今も昔も、これからも、地域再生にとって重要なファクターである。すべての地域が「ものづくり」ではないが、世界規模でみたとき、日本の強みの一つに「ものづくり」があるとすれば極めて重要なファクターであると言わざるを得まい。

「ものづくり」にみる地域間格差

「ものづくり」の動きを、わが国全体でみると、製造分野を中心に依然として海外への展開が続くとともに、一方では、国内回帰と呼ばれる現象もみられる。

『2004年版ものづくり白書』は、中国をはじめ海外における製造業の設備投資は依然として活発であるが、一方で、市場への近さや自社の関連工場・研究所の存在などを理由に、国内事業環境の良さを認識し国内に立地する動きも活発になってきていると指摘している。例えば、大手電機メーカーによる国内での製造強化のための設備投資の活発化などである。こうした国内回帰の動きには、国内には高い技術力を有する企業群の集積があるほか、ブラックボックス化（自社の製品の鍵となる技術やノウハウなどの内部構造が外部に漏れにくくすること）の推進のしやすさ、研究開発から生産までを一体化することが可能となることなども影響していると考えられる。

地域別に見ると、自動車産業が好調なため、その関連産業が立地する地域では、生産活動も設備投資も活発である。ただし、取引先との関係から海外への展開を求められている部品加工メーカーなどもあり、依然として、グローバル化の中での国内生産の再編の影響を受ける地域もある。また、大手電機メーカーなどの設備投資に牽引されて受注が好調な地域もある。ただし、仕事の多いことが、地域の中堅・中小企業にとっての利益や次なる投資余力につながっているとは限らない。同じ地域でも、こうした受注拡大の流れに取り残されている企業も少なくない。

一方、海外との競争や国内需要の変化の影響で、厳しい経営環境に置かれている企業、産地もある。こうした地域では、高齢化や人口減少もあいまって、負の循環に陥る懸念がある。

「ものづくり」を軸に見ても、企業や地域単位によってその違いは大きく、変化のサイクルも早い。そうした中で、一律的な処方箋はなく、将来を描ききれず、今の状況に陥っている面がある。

変化してきた地域産業振興への取り組み

わが国の地域産業振興への取り組みをみると、1990年代後半以降、空洞化防止と新規成長分野の発展など、企業誘致主体から内発型の産業展開が重視されてきた。1997年には産業集積地域を対象に、既存産業集積の活性化に取り組む地域産業集積活性化法、翌年には、新事業創出を総合的に支援するための体制として地域プラットフォームを整備する新事業創出促進法がスタートしている。さらに、2001年には、地域経済を支え、世界に通用する新事業を次々と創出、展開する産業クラスターの形成を目指す、産業クラスター計画がはじまる。こうした地域単位の政策と表裏一体をなすように、個別企業を支援する取り組みも展開されてきた。多くの企業を支援する仕組みから、積極的な事業展開を目指し、前向きな経営に取り組む企業を支援する仕組みに変化、あるいは転換してきたということだ。

２００５年には中小企業新事業活動促進法が、これまでの中小企業創造活動促進法と新事業創出促進法、経営革新法を統合し、スタートした。これは創業や経営革新、技術革新を支援するとともに、地域プラットフォームによる企業への総合的、一貫的な支援の継続、２社以上の異分野の企業の連携による「新連携」への支援などを行うものである。

地域単位の取り組みが弱まり、積極的な企業への個別支援中心に産業政策が変わってきている。一方では、最近になって、地域資源を活用するなどによる地域産業振興が、地域間での経済状況の違いなどを背景に、重視されつつある。

「産学連携」や地域主導による再生への取り組み

こうした中で、ものづくりの活性化に向け、特に活発化している取り組みの一つに産学連携があり、共同研究や大学発ベンチャーなどの成功事例もでてきている。しかし、産学連携に参加する企業、特に中小企業は限定され、事業化に至っていないケースも多い。

大学に技術者を派遣しつつ新事業の芽を育てようとしている岡山県の中小企業では、「中小企業の場合、経営者が、産学連携の重要性や必要性を理解し、決断できるかどうかにかかっている」という。また、事業化に至らないケースでは、企業や官公庁の実績主義が邪魔をしているケースも少なくない。国の提案公募型技術開発事業を利用し、新技術の事業化に取り組む愛知県の中小企業は、「想定されるユーザの生産関連の担当者が、新しいことを積極的に試みようとするか否かで、最初の実績、納入の可否が決まる」と言う。国内の実績主義に対応して、海外で技術や品質、性能を認められ、逆輸入を目指す企業も出てきている。

また、産学連携とは異なり、積極的に自社の強みをオープンにする企業もある。静岡県の自動車用その他精密部品、金型製造の企業は、自社で金型から生産することで、精密部品加工としての強みを維持、確立してきている。この企業は、自社でこれまで培ってきた金型づくりの技術や技能を、積極的に外部にも提供しようとしている。「中国をはじめ、海外との競争に対して心配はしていない。技術や技能とともに、それをきちんと継承していく仕組みを、社内的にはすでに確立し、後継者も着実に育ってきている。今では、われわれが確立してきた技

農工連携に向けた取り組み	東三河では、全国有数の農業が盛んな地域である特性を活かして、地域のものづくり系の産業と連携した農工連携の取り組みを、産業支援機関がコーディネート的な役割を発揮しつつ、大学と産業界が連携して取り組みつつある。例えば、センサー関連に強みを持つものづくり企業などが参加し、地域発の新事業の創出に取り組んでいる。
医工連携に向けた取り組み	宇部では、地元の金属関連のものづくり企業と、山口大学医学部が連携して、医学関連周辺のものづくり分野に新たに展開する取り組みを行っている。地元の経済界なども支援しているほか、医学とものづくりの世界を結びつけるため、媒介的役割を果たす人材を交えながら、取り組みが進められている。
大学の研究者を定期的に招聘し共同開発等のテーマを探る中堅企業	中国地域のある企業では、これまでの本業で培ってきたコア技術を活かしながら、全く別な医療関連分野のものづくりへの展開を模索してきている。その取り組みの中で、大学研究者との交流を重視してきており、定期的に自社に大学研究者を招聘し、現場でのニーズや関連分野での機器などの動きについて情報を収集するとともに、大学との共同研究の入口として活用してきている。

連携を活かしたものづくりに関わる取り組み事例

術やノウハウを、積極的に公開し、他のメーカーへのコンサルティングを行っている。自社の技術などを公開したがらない企業もあるが、むしろ公開することで新しい仕事が舞い込んだりしている」という。

企業の取り組みとは別に、地域単位の取り組みも見られる。島根県では、製造品出荷額が1兆円を割ったことを重視し、県が自ら研究開発からシーズを創出、その成果を民間に移転していく取り組みを進めている。大学や各分野の専門家の協力を受けてはいるものの、県自らが主導的な役割を果たす意欲的な試みである。

また、ある離島では、周辺海域で取れる魚介類を安定的に市場に供給するため、新しい冷凍加工保存技術を島外から導入、一次産業と二次産業の融合で、付加価値向上に取り組んでいる。そこでは、町役場が島外とのネットワークなどを活用して大きな役割を果たしている。

2007年問題への対応

団塊世代の定年が近づき、ものづくりにかかわる技術や技能、ノウハウの継承などへの危機感も高まっている。2005年度から経済産業省では、産学官連携による製造中核人材育成への取り組みを始めた。産学官連携により、地域などの産業界のニーズに基づく製造中核人材を育成するため、メーカーなどで働く技術者や技能者、あるいは、学生などを対象にした教育プログラムの作成とその実証的な取り組みが全国で36プロジェクト展開されている。企業単独では、なかなか難しい人材育成に、地域の産業界や大学、行政、産業支援機関などが連携して取り組む、地域の「ものづくり」の基礎的な力の強化が期待されている。

これからの「ものづくり」と地域再生

これからの「ものづくり」を考えるには、東アジア経済圏の広がりを考えることが不可欠だ。それは、大きな可能性と懸念の両面がある。東アジアの中での日本の各地域を考えると、当面の間は、コスト面などで不利を、経験や蓄積面などでは優位を持つ状況にある。

今までは、日本の各地域が、集積の形成やその強化に取り組んできたが、今後は、東アジアの中での日本が一つの産業集積地として、持続的に革新することが重要になる。その時に、企業は、日本という産業集積地の担い手として、力を磨き続け、地域は、企業にとって活動しやすく、新規開業を期待でき、企業の新陳代謝を進める環境や仕組みを整えていくことが重要である。特に、「ものづくり」における基礎的な力、例えばサポーティング・インダストリー（ものづくりに欠かせない金型や機械加工、素材などに関わる産業のこと。高度部材産業や基盤技術産業など）の分野やものをつくる技術や技能などを、大切にしていく必要がある。

当然、いろいろな意味での「個」の持つ限界がある。企業として、経営者や従業者として、地域として、様々な段階での「個」を中心にした取り組みだけでは、少なくとも「ものづくり」においては限界があると考える。もちろん、企業や地域が個性を磨くことは基本であるが、それだけでは、持続的な革新を遂げること、東アジアの中で生き残っていくことは難しい。そこで、「ものづくり」の原点ともいえる人、個の力を融合し新しい力を生み出す人など、いわば人材そのものこそ「ものづくり」を担う企業とそれを支える地域における、持続的な革新と再生の基本となる。今日、特に、人材育成のための環境や基盤が「ものづくり」の現場でも、あるいは、それを育む地域でも失われてきており、人材育成の仕組みや環境の再構築が重要である。

【参考文献リスト】
経済産業省、厚生労働省、文部科学省『平成16年度　ものづくり白書』２００４年
三菱総合研究所『有識者の声：拡大が見込まれる地域間の経済成長格差』（三菱総合研究所「三菱総研倶楽部」ＶＯＬ・２ Ｎｏ・２）２００５年
保坂孝信『地域経済成長を創る産業集積』（社団法人第二地方銀行協会「リージョナルバンキング」２００５年12月号）２００５年

エピローグ対談

エピローグ対談 「全総から国土形成計画へ」

野田順康氏（国土交通省国土計画局総合計画課長）
VS
鎌形太郎氏（三菱総合研究所地域経営研究センター長）

鎌形　「国土総合開発法が改正され、国土形成計画法に衣替えしました。このことは国土開発計画も大きな転換点にあることを意味します。国土計画は見直しの時期にあると言えるのでしょうね。まずは全国総合開発計画（全総）のこれまでの、果たしてきた役割をトレースし、その意義を振り返ってみてください」

野田　「戦後の荒廃した国土からの復興を目指して昭和25年に国土総合開発法が成立しました。当初は経済成長をいかに促進するかがテーマだったと言えるでしょう。第一次（昭和37年閣議決定＝池田内閣、全総）、第二次（昭和44年閣議決定＝佐藤内閣、新全総）はまさに高度成長の入り口で実行に移されたものです。産業政策に重点が置かれ、産業拠点の開発が進められました。これにより地域格差、所得格差が是正され、地方の中核都市が成長するという成果が得られたと思います。三全総（昭和52年閣議決定＝福田内閣）と前後する1972年、ローマクラブ（スイスの民間シンクタンク）が「成長の限界」を打ち出しました。この影響もあってか、この時期から社会が環境問題に目を向け始めました。こうした社会的な背景を踏まえ、三全総でも成長から環境へという思想的転換の意欲がうかがえます。しかし、結果的に見ると成功したとは言い難いですね」

「三全総以降、日本は再び成長局面へと入り、経済大国と呼ばれるようにまでなりました。これ以降の全総（四全総＝昭和62年・中曽根内閣、21世紀の国土のグランドデザイン（五全総）＝平成10年・橋本内閣）は、特定財源をはじめとする公共事業や特別会計の配分計画という色合いが強くなったように思います。計画を見ると四全総は交通インフラに軸足、五全総は道路や地域連携に軸足が置かれていますね。足元を見ると様々な制度疲労を起こしていたというのが現状です。人口減少時代を目前にいつまでも国土総合開発法というわけには行かない。開発計画ではなく新しい革袋で国土を見直す時期ではないでしょうか」

鎌形　「確かに一次、二次は国土づくりに主眼を置いた計画でしたね。しかし、三次、四次と進むにつれてどうかな、本当に必要な計画なのかな、という疑問が湧いてきたのも事実です。最後の五全総について言えば、過度のインフラ整備を後押ししている計画だという印象が残っています。この法律には限界があったのかなとも思いますが、いかがですか」

国土交通省国土計画局総合計画課　野田順康氏

野田　「第五次には環境問題などの新しい視点が盛り込まれ、理念の計画としては良い出来だったという印象があります。ただ、インフラ重点という点を払しょくできなかった」

鎌形　「全総は、まんべんなく予算を全国に配分し、ニーズのない所にもインフラ整備を行った。これはさすがに問題だったと思います」

野田　「私もそう思う。こうしたことが様々な制度疲労を徐々に拡大していったのでしょうね」

全総から国土形成計画へ

鎌形「新しくできた国土形成計画法に基づく計画は、メリハリのある計画になるのですか。大都市では人口が増え、山間部や地方都市では人口がものすごい勢いで減少しています。大都市と地方が平等というわけにはいかない時代になりました」

野田「まず、公共事業の絶対量は減りますね。人口減について言えば、どういった地域から人口が減るのかが問題です。今回の人口減は、地方都市から車で1時間くらいの所、今でも過疎地と言われるエリア、いわゆる農村集落で急速な人口減少が起こるのではないかと予想されます。こうした集落のすべてを残すのは不可能でしょう。もちろん、居住の自由はありますから、何処に住まわれてもかまわないのです。しかし、公共サービスの拠点エリアからサービスが供給できない集落であれば自助努力する面を求めざるを得ないでしょうね」

鎌形「郵政民営化と同じ構図ですね」

野田「郵政民営化で郵便局を全部残すと言っていますが、自助努力が必要になるエリアは出てくる。農村集落についても国の支援は当然ですが、すべて残すというのは財政的に難しい。すべてを維持するのは大変なことです」

鎌形　「これまで自治体は国からの補助金でインフラ整備を進めてきました。しかし、地方分権が進めば、もう国頼みという訳にはいきませんね。独自財源を与え自助努力でインフラ整備を進めるべきではないでしょうか。分権時代の国と地方のあり方、役割分担がまさに問われようとしています」

野田　「新しい国土形成計画は2層構造になっているのが特長です。国の責務を明確に示す〝全国計画〟と、国と都府県が適切な役割分担の下に連携して国土づくりを進める〝広域地方計画〟の二つの計画で構成されるんですよ。広域地方計画では地方の方々も国と対等の立場でこれからの地域のあり方を議論し、具体的な事業を起こしていくことになります。三位一体の改革で財源も権限も移譲される代わりに地方には責任も移譲される。ある意味地方にとっては厳しい選択を迫ることになるかも知れませんね」

「国土形成計画は高度成長期のバラ色の国土計画ではありません。夢のあるものをと言う声もありますが現実を直視する必要もあります。ご承知のように、わが国は〝日本21世紀ビジョン〟で、避けるべきシナリオについて既に言及しています。その中でなおかつ明るい未来をどう描くかが問われているのではないでしょうか」

鎌形　「同感です。財源、責任、権限をセットで考えると道州制なども国土形成計画の視野に入ってくるのでしょうか」

野田　「広域地方計画と道州制は別の話です。ただ、色々な形で関り合う問題であることは確かです。避けて通れない論点ですね。当面は平成19年ごろに全国計画を、20年には広域地方計画を策定したいと考えています」

東アジア経済圏をにらんだ新時代の国土づくりを

鎌形　「全国計画の具体的なイメージはあるのですか」

野田　「明治以降の一極集中、戦後50年間の東京から欧米へ、という時代は、例えば脱亜入欧というような思想に支えられてきたと思っています。しかし、中国の経済成長は著しいものがあります。年率9～10％の勢いで成長しています。これは確実に巨大な東アジア経済圏ができつつあるということを意味しています。しかも、その圏域の中心は上海や香港であることが想定されます。ＥＵの経験を踏まえると稠密な経済圏は直径２０００㎞程度の範囲と考えられますから、これを当てはめると日本はまさに東の端ということになってしまう。その意味では今こそ脱亜入欧から東アジア回帰というのが政策的な課題になる時代ではないかと思います。国内で言えば太平洋ベルト地帯から日本海への転換です。経済重心も東アジア回帰に合わせて移すべき時期と言えるかも知れませんね。人口重心にしても西へとシフトする可能性もあります。東アジア回帰の時代になれば、九州北部や西日本、日本海は非常に重要な地域になります。東アジアを見据えた産業政策も重要になる」

鎌形　「アジア・マーケットがさらに広がる時代になるのでしょうか」

野田　「明るいシナリオでは、成長する東アジアと共に生きる日本ということです。東アジアの成長は日本に様々なチャンスを与えてくれるでしょう。産業面では先端分野など知的クラスターの成長が見込めます。こうした分野が伸びれば、日本が成長する新たなけん引力になるはずです。新しいインフラも必要ですが、既存ストックをどう活用するかも真剣に考えなければならないでしょうね。東アジアの一員になれば近距離の少量輸送が増える。地方空港と鉄道がリンクした新しい物流システムが必要になるのではないでしょうか」

鎌形「首都機能移転はどうなったのでしょう。東アジア回帰ということになればある意味、現実味のある課題とも言える。原野を切り開いていという計画では現実味がありませんが」

野田「今のところこの問題は国会で検討されています。ただ、災害時のバックアップ機能の必要性は考える必要があるかもしれませんね。現実的な問題として」

鎌形「現在、都市再生の影響で東京への回帰が進んでいます。高密度、一極集中が行き過ぎているのではないかとの懸念もあります」

野田「経済が回復し、東京に投資が集中しているのが現在の姿でしょう。不動産などはミニバブルの様相を呈していますね。もともと東京には地力があるからいっそう加速しているということだと思います。しかし、再びバブルを起こさないようにするのが我々の務めだと考えています。その一方で、東京というのは投資行動が集中する真の意味での世界都市、国際都市なのかという疑問もあります。例えば海外のマスコミがアジアに置く拠点は東京じゃない、香港やバンコクです。東京のニュースは世界に配信さえもされない。パッシング（無視）されているというのが現状です。3500万人というマーケットがあるから注目はされていますが、とても自立した世界都市とは言えないでしょう。ここ10年くらいのマスコミや金融界の動きを見る限り、日本はパッシングされていると言わざるを得ない。非常に危機感を持っています。個人的にはこのまま沈下するのではないかとさえ思っているほどです。3大都市圏（東京圏、名古屋圏、大阪圏）プラス北部九州をいかに成長のエンジンにするかを政策的に考える必要があります」

「新しい国土形成計画では〝国土の国民的経営〟という新しいコンセプトを打ち出したいですね。また、脱亜入欧からアジア主義へ、これはもう世紀の転換になります。こうした政策転換を実現するためにも、国土計画の観点から東アジア論を展開したい。欧米型からアジア型へ、新しい計画はそのための出発点にしたいと考えています」。

おわりに

「耐震強度偽装事件」「米国産牛肉の輸入再停止問題」「ライブドアグループの証券取引法違反事件」など昨年末から大事件が発生し小泉政権を揺るがした。夏の選挙における自民党の圧勝、秋の臨時国会での郵政民営化法案の可決と、小泉政権の構造改革が総仕上げに向け順調に進むかに見えた矢先のことである。通常国会ではこうした問題による野党の攻勢もあり、自民党内の力学も微妙に変化の兆しも見えたが、民主党の「送金メール」事件により、小泉政権は勢いを盛り返している。改革路線を後戻りさせないため「行政改革推進法」の早期成立も目指している。２００1年4月の小泉政権の発足以来進められてきた「官から民へ」「国から地方へ」といった大きな構造改革まだまだ緒に就いたばかりである。

本国会には「官から民への」改革を強力に進めるためのツールとして「官と民が競争してよりよいサービスをより安く提供できるようにしよう」という通称『市場化テスト』を導入するため、「公共サービス改革法」が重要な法案として上程されている。

また、「国から地方へ」の改革に関しては、地方制度調査会（首相の諮問機関）が、47都道府県を廃止し、9から13の広域自治体に再編する道州制の導入を答申した。国から道州へ移すべき権限として一級河川の管理、職業紹介など21項目を例示。これを実現するため新たな推進法の制定を求めている。人口減少というわが国ではこれまで経験のない環境変化を迎えている中で、これに対応した社会経済システムの再構築は必須であり、道筋を見誤らないしっかりとした議論が必要である。

このような大きな構造改革の道筋を本書は提言したものではない。日本の担っているそれぞれの都市・地域の中で、時代の転換期において生じている変化や視点、ビジネスの萌芽及びそれらを踏まえた我々研究員から見た将来に向けての戦略について意見を述べさせてもらった。

大きな変化の時代にあって、それぞれの都市・地域、及びそれを担う行政・民間・市民一人一人が、国頼みではなく、足元から見つめなおし、時代の変化を見誤らずに明るい未来を築く何らかのヒントになれば望外の喜びである。

本書は、2004年6月より2005年8月まで「都市・地域再生の新潮流」と題して日刊建設工業新聞に連載したものを元に加筆・修正したものである。2004年当時は、デジタル家電が爆発的に売れ出すなど、日本経済もようやく長い不景気から脱しようと期待が高まってきた時代であった。その後、金融機関の不良債権処理にも目途がつき、小泉政権による構造改革も進むなど、本格的にバブル後の後遺症を脱し、日本経済は拡大傾向を維持し、長さでいえば戦後最長の「いざなぎ景気」を超える公算も高まってきた。この2年間で日本を取り巻く社会経済環境は大きく変わった。そこで当初連載した原稿から取捨選択し、時代環境の変化に対応し、元の文章自体にも大きく手を入れた。

当初の連載企画は、日刊建設工業新聞社の坂本静男氏の薦めによるものである。この連載がなければ本書も誕生しなかったわけであり、坂本静男氏には大いに感謝する次第です。

本書は、私どもシンクタンクの研究員が、日頃、国や地方公共団体、あるいは都市・地域においてビジネスを展開する企業の方々より様々な相談を受け、調査・コンサルティングを実施する中で、知りうることのできた貴重な情報や、そこから発生した問題意識をもとに執筆させていただいたものである。こうした機会を与えていただいているクライアントの皆様にも深く感謝します。今後とも好奇心旺盛な私ども研究員の研究領域を広げるためにも難しい課題を次々提供することを是非お願いしたい。

巻頭に都市計画分野の第一人者である東京大学の大西教授、巻末に国土交通省の総合計画課の野田課長との対談を掲載させていただいた。本書は、研究員それぞれが抱いている都市・地域における問題意識をテーマごとに執筆しているため、全体として筋が鮮明でない恐れがある。その中で両氏には人口減少時代における今後の都市・地域を展望した骨太のお話を頂き本書に一本筋が通ったのではないかと思う。忙しい中、時間を割いて頂き心からお礼申し上げます。

また、本書の中には、随所に都市・地域で先進的に活躍する企業やＮＰＯの方々のインタビューを掲載した。非常に具体的でリアリティのある話題を各企業やＮＰＯの方々にはご提供頂き深く感謝致します。このインタビューは05年末から06年初めの忙しい時期に日刊建設工業新聞社の坂本氏に研究員と同行し短期間にまとめていただいたものである。重ね重ね感謝の意を表したい。また、非常にタイトなスケジュールの中で編集作業を担って頂いた日刊建設工業新聞社の本多裕氏にも非常にお世話になりました。この場を借りてあらためて御礼申し上げます。

著者一覧

鎌形太郎（巻頭言）
● 慶應義塾大学経済学部（1982年卒業）
○ 地域経営研究センター長（主席研究員）
● PPP・PFIコンサルティング、都市・地域再生事業、集客文化事業

小野由理（第1章 1、第2章 1、第3章 6）
● 東京大学大学院工学系研究科（2005年博士〔学術〕）
○ 地域経営研究センター（主任研究員）
● 都市政策、都市マーケティング、官民連携事業コンサルティング

西松照生（第1章 2、6）
● 東京工業大学大学院情報理工研究科（2000年修士）
○ 地域経営研究センター（研究員）
● 都市政策、開発・施設活用コンサルティング

篠田　徹（第1章 3、4）
● 慶應義塾大学大学院政策・メディア研究科（2000年修士）
○ 地域経営研究センター（研究員）
● 都市政策、事業コンサルティング、ユニバーサルデザイン

川村雅人（第1章 5）
● 早稲田大学大学院理工学研究科（1975年修士）
○ 地域経営研究センター（チーフ・プランナー）
● 都市・地域政策、地域経営、地域プラニング

幕　亮二（第1章 7、第2章 10）
● 早稲田大学大学院経済学研究科（1991年修士）
○ 地域経営研究センター（主任研究員）
● 地域経済、公共経済、交通経済

中尾成政（第1章 7）
● 早稲田大学大学院理工学研究科（2003年修士）
○ 地域経営研究センター（研究員）
● 交通計画、都市計画

峰尾　学（第1章 8、9）
東京大学工学部建築学科（1990年卒業）
● 地域経営研究センター兼海外事業推進センター（主任研究員）
○ 都市開発事業企画・コンサルティング、国際協力（高等教育分野）

山田英二（第2章 2）
● 早稲田大学大学院理工学研究科（1982年修士）
○ 地域経営研究センター（主席研究員）
● 都市・地域政策、行政・地域経営

宮沢尚史（第2章 3）
● 千葉大学大学院文学研究科（1993年修士）
○ 地域経営研究センター（主任研究員）
● 行政経営、地方財政、自治体戦略立案

鈴木　徹（第2章 4、9）
● 東京工業大学大学院理工学研究科（1981年修士）
○ 地域経営研究センター（主席研究員）
● 都市開発事業計画、都市経営計画

岩下将務（第2章 5）
● 名古屋大学大学院工学研究科（2000年修士）
○ 地域経営研究センター（研究員）
● 病院建築、病院経営、医療政策、PPPコンサルティング

奥村隆一（第2章 6）
● 早稲田大学大学院理工学研究科（1994年修士）
○ 社会システム研究本部 ヒューマン・ケア研究グループ（主任研究員）
● ローカルガバナンス、少子高齢社会政策、共生社会政策

小松史郎（第2章 7、第3章 5）
● 上智大学大学院修士課程経済学専攻（1972年修士）
○ 地域経営研究センター（専門部長）
● 地域政策、集客文化事業

伊藤友博（第2章 8、第3章 1）
● 早稲田大学大学院理工学研究科（1999年修士）
○ 地域経営研究センター（研究員）
● 地域政策、交通計画、各種定量評価

佐藤達郎（第3章 2）
● 早稲田大学大学院理工学研究科（1973年修士）
○ 地域経営研究センター（研究主査）
● 都市開発企画・事業化計画、都市政策

椿　幹夫（第3章 3）
● 早稲田大学大学院理工学研究科（1987年修士）
○ 社会システム研究本部（主任研究員）
● 建築計画、施設マネジメント

伊藤　保（第3章 4）
● 上智大学経済学部経営学科（1991年卒業）
○ 地域経営研究センター（主任研究員）
● 地域産業、地域経済

浜岡　誠（第3章 7）
● 早稲田大学大学院アジア太平洋研究科（2002年修士）
○ 地域経営研究センター（研究員）
● 地域政策、地方財政、行政改革

保坂孝信（第3章 8）
● 東京工業大学大学院理工学研究科（1987年修士）
○ 地域経営研究センター（主任研究員）
● 地域産業、地域政策

都市《とし》・地域《ちいき》の新潮流《しんちょうりゅう》
人口減少時代の地域づくりとビジネスチャンス

平成18年4月19日　第1刷発行

編　　著　株式会社三菱総合研究所　地域経営研究センター

発 行 所　日刊建設工業新聞社
東京都港区東新橋2-2-10
電話　03-3433-7151

発 売 元　相模書房
東京都中央区銀座2-11-6
電話　03-3542-0660

印　　刷　日経印刷

ISBN4-7824-0605-3 C3051 ¥2000E